AF312650

BIBLIOTHÈQUE
BIOLOGIQUE INTERNATIONALE

PUBLIÉE SOUS LA DIRECTION

De M. J.-L. DE LANESSAN

Professeur agrégé d'histoire naturelle à la Faculté de médecine
de Paris

V

Coulommiers. — Imprimerie Paul BRODARD.

LA
MÉTALLOTHÉRAPIE

SES ORIGINES, SON HISTOIRE

ET LES PROCÉDÉS THÉRAPEUTIQUES QUI EN DÉRIVENT

PAR

Le Dr L.-H. PETIT

Sous-bibliothécaire à la Faculté de médecine de Paris

DEUXIÈME ÉDITION, CORRIGÉE ET AUGMENTÉE

PARIS

OCTAVE DOIN, ÉDITEUR

8, PLACE DE L'ODÉON, 8

1881

LA MÉTALLOTHÉRAPIE

SES ORIGINES, SON HISTOIRE,

ET LES PROCÉDÉS THÉRAPEUTIQUES QUI EN DÉRIVENT

L'application des métaux à la surface du corps, dans un but thérapeutique, remonte à une époque très ancienne. Dans une étude intéressante faite sur ce sujet par M. Jennings [1], nous voyons, en effet, qu'Aristote, Gallien, Paul d'Égine, Aétius, Alexandre de Tralles, Paracelse, etc., attribuaient à cette méthode des propriétés particulières dans le traitement d'affections les plus diverses. Mais, comme le dit l'auteur que nous venons de citer, « ces praticiens célèbres ignoraient l'aspect scientifique de la question et attribuaient l'efficacité de leurs remèdes aux inscriptions magiques qu'ils portaient. »

Au siècle dernier, où la question du magnétisme animal était à l'ordre du jour, on fit de nombreux essais sur l'emploi de l'aimant dans le

---

1. Oscar Jennings, *Comparaison des effets de divers traitements dans l'hystérie, précédée d'une esquisse historique sur la métallothérapie* (thèse de Paris, 1878, n° 335).

traitement d'une foule de maladies. On les trouve signalés dans le savant article de Virey sur ce sujet [1].

Dès 1754, Lenoble avait fait construire des aimants artificiels perfectionnés et de façon à pouvoir s'appliquer au traitement d'affections nombreuses. Vers 1774, le Père Hell se guérit par ce moyen d'un rhumatisme aigu et délivra une dame d'une cardialgie chronique invétérée. Mesmer répéta les expériences de Hell, et « il établit même chez lui une maison de santé dans laquelle il s'offrit à traiter gratuitement, par le magnétisme, les malades; il fit construire une foule de lames et d'anneaux magnétisés, qu'il adressait aux diverses contrées d'Allemagne, pour engager les médecins à en faire des essais; il remplissait en même temps les journaux de Vienne de ses expériences. Le professeur de mathématiques Bauer, de Vienne, confessa publiquement qu'il avait été guéri, en peu de semaines, par le moyen de l'aimant, d'une opththalmie opiniâtre; et le conseiller Osterwald, directeur de l'Académie des sciences de Munich, atteint de paralysie, attribua sa guérison au même moyen. D'autres médecins, comme Unzer le jeune, Bolten, Heinsius, Weber, publiaient des cures non moins remarquables, en

1. Virey, art. MAGNÉTISME ANIMAL, du *Dict. en 60 vol.*, 1819, t. XXIX, p. 163.

avouant toutefois qu'on n'obtenait tantôt qu'un soulagement momentané, tantôt même que l'effet était nul. » (Virey, article cité.)

Dans un rapport adressé à la Société royale de médecine de Paris, et relatif aux expériences des aimants de Lenoble, les commissaires, Mauduyt, Andry et Thouret, étaient arrivés à des conclusions à peu près semblables. Ils avaient constaté également dans certains cas les bons effets de l'application des plaques métalliques sur les points douloureux [1].

Une note d'un travail de Bernhardt [2] nous apprend que Charcot regarde Wichmann [3] comme un véritable précurseur de Burq en métallothérapie.

Depuis lors, divers auteurs, et vers 1820 Despine [4], entre autres, firent usage de plaques de

1. Rapport des commissaires de la Société royale de médecine nommés par le roi pour faire l'examen du magnétisme animal, Paris, 1784, in-8°.

2. Bernhardt, *Berlin. Klin. Wochensch.*, 1878, n° 10, p. 129.

3. Wichmann, *Ideen zur Diagnostik*, Hannover, 1800, t. Ier, p. 159.

4. Despine, *Gaz. méd. de Paris*, 1878, p. 320.

Depuis que ces lignes ont été écrites, M. le Dr Monard a publié une très intéressante étude sur les travaux de C.-H.-A. Despine (*La métallothérapie en 1820*, par le Dr J. Monard; brochure extraite du *Lyon médical*, 1880). L'auteur s'efforce de démontrer que, malgré le vague qui a pu rester dans les idées de Despine relativement à la métallothérapie, celui-ci en avait trouvé les principaux phénomènes. Chez des hystériques, il avait fait cesser et ramené des spasmes, la sensibilité, la motilité, disparaître des névralgies; il s'était aperçu de la singulière appétence que ces malades montraient pour l'or, et surtout pour l'or le plus pur, et métal d'une manière plus méthodique; mais c'est à M. Burq que revient l'honneur d'avoir le premier étudié la métallothérapie de telle manière qu'on en a fait une véritable méthode thérapeutique.

Les premiers essais de M. Burq remontent à 1849, et les résultats qu'il obtint sont consignés dans une note adressée à l'Académie des sciences, le 4 février 1850, et reproduite dans sa thèse de doctorat du 7 février 1851. Ce document porte un titre significatif : *Note pour servir à l'histoire des effets physiologiques et thérapeutiques des armatures métalliques ou de certains métaux sur les paralysies du sentiment ou anesthésies.* En 1851, M. Burq avait constaté à la suite de l'application des métaux chez les anesthésiques les phénomènes suivants : fourmillements, chaleur, sueurs, rougeur, c'est-à-dire retour de la circulation, — et retour de la sensibilité. Il ne pouvait fournir de renseignements précis sur la motilité, faute d'ins-

de l'influence manifestement différente qu'avaient sur elles le zinc, le cuivre jaune et le fer aimanté *(Observations de médecine pratique aux eaux d'Aix-en-Savoie,* Annecy, 1838, p. 124. — Despine a vu également le *transfert,* l'*hémianesthesie;* il a compris que les phénomènes qu'il produisait étaient de nature électrique, car, dit-il, « l'électricité en aigrettes, en étincelles et en commotion produit le même effet que l'or » *id.,* p. 253,.

Nous ne pouvons ici reproduire tous les arguments apportés par M. Monard à l'appui de sa revendication en faveur de Despine; mais nous devons reconnaître que ce dernier, sans parler le langage de la métallothérapie actuelle, en avait observé et décrit plusieurs éléments importants.

truments pour l'évaluer d'une manière exacte. Plus tard, l'invention d'un dynamomètre particulier lui permit de combler cette lacune.

La campagne entreprise depuis cette époque par M. Burq en faveur de la métallothérapie ressemble fort, par les moyens employés et par les difficultés à vaincre, à celles de Mesmer; mais, plus heureux que ce dernier, le médecin français a pu conduire son œuvre à bonne fin. Nous ne voulons pas tracer ici l'historique des efforts tentés par ce courageux confrère pour faire partager à d'autres ses vues sur la métallothérapie; il nous suffira de dire que, après avoir combattu pendant trente ans pour le triomphe d'idées qu'il croyait bonnes, M. Burq vient d'obtenir la juste récompense que méritaient ses travaux. Traitée longtemps avec le dédain qu'on accorde en général dans notre pays aux innovations, quand elles ne viennent pas de haut ou qu'elles n'ont pas une utilité pratique immédiate, la métallothérapie a été enfin expérimentée, étudiée, de la manière la plus scientifique, sous les yeux d'hommes éminemment éclairés et compétents; elle a été discutée devant les sociétés savantes, et les résultats remarquables qu'elle a déjà fournis dans la pratique médicale contribueront puissamment à faire entrer la thérapeutique des affections nerveuses dans une voie nouvelle.

Comme consécration de ces résultats, la Société de biologie et l'Académie de médecine viennent d'accorder à M. Burq, l'une le prix Godard, et l'autre le prix Barbier.

Au moment où la première de ces savantes compagnies voulut bien nommer une commission à l'effet de contrôler les faits avancés par M. Burq, celui-ci disait en substance :

L'application de plaques métalliques sur une partie limitée de la surface du corps est capable de faire cesser les paralysies de la sensibilité et de la motilité produites par l'hystérie.

Le même métal ne convient pas à tous les sujets indistinctement; mais l'idiosyncrasie particulière à chaque individu exige l'emploi d'un métal spécial, variable par conséquent, mais sans règles déterminées.

L'emploi à l'intérieur du métal, sous forme d'eaux minérales ou de préparations pharmaceutiques, produit les mêmes effets thérapeutiques que son application à la surface de la peau.

C'est ce que MM. Charcot, Luys et Dumont-pallier, membres de la commission, auxquels furent adjoints dans la suite MM. Landolt, Gellé et Regnard, furent chargés de vérifier.

Les travaux de la commission firent l'objet de deux volumineux rapports [1] lus à la Société par

1. *Gaz. méd. de Paris*, 1877, p. 201, et 1878, p. 419, 436, 450.

M. Dumontpallier. Nous allons voir d'abord ce qu'ils renferment relativement aux faits annoncés par M. Burq, puis les faits nouveaux découverts par la commission au cours de ses études; enfin, nous indiquerons les déductions théoriques et les applications thérapeutiques que bon nombre de médecins ont déjà faites de la métallothérapie [1].

I. *Faits annoncés par M. Burq.* — A. Phénomènes déterminés par l'application des métaux sur la surface du corps chez des malades dont la sensibilité était modifiée.

En appliquant une plaque de métal, généralement de petites dimensions, une pièce de monnaie par exemple, sur une hystérique atteinte d'hémianesthésie permanente, le retour de la sensibilité s'effectue au bout de dix ou vingt minutes dans une zone de plusieurs centimètres au-dessus et au-dessous de l'armature métallique. Il est précédé de fourmillements, de picotements, d'une sorte de trouble dans la perception des sensations, en vertu duquel un corps froid comme la glace paraît chaud (phénomène de *dysesthésie*). On observe en même temps sur ces parties une élévation de la température appréciable au thermo-

---

1. Voir encore à ce sujet les leçons publiées dans l'*Union médicale*, 1879, nᵒˢ d'octobre et suivants, par M. Dumontpallier, sur la *Métallothérapie et le burquisme.*

mètre, et, si l'on opère sur le membre supérieur, une augmentation de force que le dynamomètre peut évaluer. Enfin, si la surface est peu étendue. surtout au front, il vient à leur suite des phénomènes généraux de fatigue, d'épuisement, de brisement.

L'extension de la zone esthésique se fait progressivement du pourtour du métal à une zone plus ou moins grande, puis au membre entier, enfin à tout le côté anesthésié. En même temps s'effectue la dilatation des capillaires, marquée par ce fait que les piqûres pratiquées avec une épingle dans les points anesthésiques, avant l'application du métal, ne saignent pas. tandis qu'après cette application il survient un écoulement notable de sang.

Non seulement la sensibilité générale, mais encore les organes des sens, vue, ouïe, odorat, goût. recouvrent leur faculté de percevoir les sensations. Dans un cas, une moitié de la langue, insensible à la coloquinte avant l'expérience, devint parfaitement sensible après l'application d'une plaque de fer sur l'organe.

Les malades chez lesquelles les plaques d'or produisaient ces résultats restaient complètement insensibles lorsqu'on mettait à la place d'autres métaux. le cuivre, le fer, le zinc. De même, les sujets sensibles au cuivre étaient insensibles au fer, à l'or, etc. Certaines malades éprouvaient un retour de l'esthésie et de la force musculaire par l'application du zinc et de l'or, mais les effets ressentis étaient plus marqués par l'or que par le zinc.

L'exactitude de la première proposition de M. Burq était donc démontrée.

Il est à peine besoin d'ajouter qu'on avait pris toutes les précautions pour se mettre en garde contre la supercherie des malades. Celles-ci étaient atteintes depuis plusieurs années d'une anesthésie constatée à plusieurs reprises, à différentes époques de leur séjour à l'hôpital; elles avaient été observées depuis longtemps par M. Charcot, dont la compétence à cet égard ne peut être mise en doute.

B. Les expériences relatives à l'administration des métaux à l'intérieur n'ont pas été moins convaincantes que les précédentes. Elles ont été faites également avec toutes les garanties désirables.

D'après M. Burq, l'aptitude métallique externe étant connue, le même métal, administré à l'intérieur, devait déterminer les mêmes résultats que son application externe.

On s'assura donc préalablement de l'état hystérique des malades, et ensuite que celles-ci prenaient bien les médicaments dans les conditions déterminées. Le président de la commission,

M. Charcot, dans le service duquel se trouvaient les malades en expérience, voulut bien donner lui-même ou faire donner par son interne, M. Oulmont, les diverses préparations métalliques, chaque jour, aux doses indiquées, pendant près de trois mois.

Une malade, sensible à l'or, prit chaque jour une potion contenant 2 centigrammes de chlorure d'or et de sodium; dix-huit jours après, on constatait le retour complet de la sensibilité générale et spéciale, de la force musculaire, une amélioration considérable de l'état de santé, et la réapparition des règles, après deux années d'interruption. La potion ayant été supprimée pendant une quinzaine de jours, la sensibilité et la force musculaire diminuèrent de nouveau, pour reparaître encore dès que la malade fut remise à l'emploi du chlorure d'or et de sodium.

Une autre malade, également sensible à l'or, avait éprouvé les mêmes bons effets de l'administration interne du chlorure d'or.

Une troisième malade, sensible au cuivre, fut soumise à l'usage de pilules de bioxyde de cuivre et de l'eau de Saint-Christau, auxquelles on substitua bientôt les pilules d'albuminate de cuivre, contenant chacune 2 centigrammes, dont on augmenta progressivement le nombre jusqu'à 5. On obtint d'abord une amélioration très marquée;

mais, le traitement ayant été suspendu à cause
de l'apparition d'accidents gastro-intestinaux dus
à l'emploi du cuivre, la malade perdit bien vite
ce qu'elle avait gagné. Dès que ces accidents
eurent cessé, on reprit l'usage de l'eau de Saint-
Christau, à la dose d'un verre matin et soir, et
au bout de dix jours l'état de la malade était
redevenu satisfaisant.

Deux hystéro-épileptiques, sensibles à l'or, furent soumises à une médication interne appro-
priée; la sensibilité et la motilité redevinrent normales, et les accès d'hystérie disparurent, mais
non les attaques d'épilepsie, au moins chez l'une
d'elles.

« Donc, conclut M. Dumontpallier, chez des
malades dont l'aptitude métallique avait été re-
connue par des expériences antérieures, on a
obtenu, pendant la période d'administration à
l'intérieur des mêmes métaux, une amélioration
dans l'état général de leur santé, amélioration
établie d'abord par le retour de la sensibilité
générale et spéciale, de la force musculaire et de
la menstruation régulière. »

II. *Faits nouveaux constatés par la commission.*
— Au cours de leurs expériences, les membres de
la commission de métallothérapie avaient été vive-
ment frappés par certains faits qui avaient échappé

à l'observation de M. Burq. L'un des premiers fut le phénomène du *transfert* [1].

En même temps que la sensibilité, la force musculaire, etc., reparaissaient du côté paralysé, on remarqua que le côté sain perdait une partie de ce que gagnait le côté malade, en sensibilité générale et spéciale, en température et en force musculaire.

Depuis cette époque, MM. Charcot et Paul Richer ont vu que ce transfert de la sensibilité d'un côté à l'autre du corps recommençait en quelque sorte spontanément, sans nouvelle application, et se répétait un certain nombre de fois de suite. Ce phénomène, qui peut se prolonger plusieurs heures après une seule application de quelques

1. Dans une revue sur la métallothérapie (*Brain*, janvier 1879, p. 557), M. de Watteville écrit ce qui suit :

« Le phénomène de transfert, que les expériences de la commission française ont si bien mis en lumière, a déjà été observé par le docteur Buzzard (*the Practitioner*, octobre 1868) dans les circonstances suivantes : Une fille de quatorze ans était atteinte d'accès épileptiformes, que précédait un *aura* dans le poignet *gauche*. Un vésicatoire appliqué sur l'avant-bras arrêta l'aura, les accès devinrent moins fréquents et furent alors annoncés par un aura partant du poignet *droit*. Un beau jour, l'aura revint dans son siège primitif, et il survint par semaine un ou deux accès, contre lesquels le traitement ne put rien. A vingt ans, la malade mourut de phthisie aiguë. La seule lésion trouvée dans le cerveau était une petite tumeur gliomateuse, du volume d'une noix, située dans la substance blanche de l'hémisphère gauche au-dessus de la partie moyenne du ventricule latéral. Le docteur Gowers, qui relate les résultats de l'autopsie (*Brit. Med. Journ.*, 26 septembre 1874), remarque que, outre l'intérêt dû au fait que l'aura (et probablement, par conséquent, la convulsion) partait du même côté que la lésion, la migration du côté opposé dans minutes, a été désigné par M. Charcot sous le nom d'*oscillations consécutives*.

Ces oscillations ne sont point constantes et peuvent faire défaut. Elles paraissent être la règle pour les hémianesthésies hystériques; mais, comme le transfert, elles sont l'exception pour les hémianesthésies organiques et toxiques (*Progrés médical*, 15, 22, 29 novembre 1879).

M. Debove a proposé l'explication suivante du phénomène du transfert : il admet sur le trajet des fibres conductrices de la sensibilité la production d'un phénomène analogue à celui que les physiciens, dans l'étude de la lumière, ont désigné sous le nom d'interférence. Quand il y a transfert, l'impression est perçue par l'hémisphère

un cas de lésion organique du cerveau est certainement rare. Outre son importance intrinsèque, cette observation en a donc une autre au point de vue historique du phénomène de transfert.»

Mais, dans les questions de priorité, on ne trouve pas facilement le dernier mot. Par exemple, dans un travail sur les propriétés æsthésiogènes des vésicatoires, dont nous parlerons plus loin, M. Grasset rapporte un fait analogue au précédent; il est cité par Barthez, qui l'avait emprunté à Theden, et date de 1782.

« Une malade ayant le bras droit paralytique, on y appliqua un vésicatoire. Cet emplâtre n'opéra point sur l'endroit où il fut mis, mais bien sur le bras gauche, au point correspondant, où il excita de la rougeur et de vives douleurs pendant tout le temps qu'il resta au bras opposé. Cependant la paralysie de ce membre se dissipa et se porta sur le bras gauche. On appliqua également sur celui-ci un vésicatoire dont l'action se porta semblablement au bras droit et y causa de la rougeur et de la douleur. La paralysie des deux bras étant guérie, les vésicatoires n'eurent plus rien de particulier dans leurs effets. » (Barthez, *Nouv. élém. de la science de l'homme*, t. Ier, p. 385, en note.)

opposé à celui qui doit la percevoir normalement; quand il n'existe pas, l'impression est perçue d'une manière normale. Il rappelle à ce sujet que, chez les hystériques qui ont une double hémianesthésie, on n'a jamais réussi à restaurer la sensibilité par les agents aesthésiogènes (*Union médicale*. novembre 1879, 3e série, t. XXVIII, p. 861 [1].

D'autre part, l'application des métaux sur des malades atteints d'hémianesthésie par suite de lésions organiques anciennes des centres nerveux (hémiplégie d'origine cérébrale, chorée post-hémiplégique) amena également le retour de la sensibilité, mais d'une manière plus durable. Ainsi, des anesthésies datant de dix ans, dues à des lésions cérébrales, ont cédé à l'or. Dans deux cas d'hémichorée avec hémianesthésie, suite de lésions anciennes, l'anesthésie était permanente et n'avait jamais varié; l'application des métaux a réussi comme dans l'hystérie. Une hémianesthésie

---

1. Voir en outre : Firket, *Résultats des recherches récentes entreprises en Allemagne pour l'étude du phénomène du transfert* (Ann. Soc. méd.-chir. de Liège, 1879, XVIII, p. 176). — Eulenburg, *Sur le transfert de la sensibilité*, communication au congrès d'Amsterdam (Gaz. hebd. de méd. et de chir., 1879, p. 619). — Garel, *Double mode de combinaison de l'anesthésie provoquée et de l'anesthésie par transfert avec oscillations consécutives* (Lyon médical, 1880, t. 33, p. 53, et discussion, p. 57. — Henrot, *Du transfert de l'hémihypothermie* (Union méd. du Nord-Est. mai 1880). — Köbner, *Sur le phénomène du transfert* (Breslauer ärzt. Zeitschr., 1880, n° 5, p. 50). — J. Teissier, *Pathogénie du transfert dans les phénomènes de métallothérapie* (Lyon méd., 1880, t. 31, p. 308, et Gaz. méd. de Paris, 9 juillet 1881, p. 105.

datant de trente ans a disparu de même, mais la sensibilité n'est revenue qu'au bout de trois heures.

En présence de ces faits, M. Charcot émit l'idée que les phénomènes déterminés par l'application des métaux étaient peut-être le résultat d'actions électriques produites par le contact d'un métal avec la surface cutanée.

L'intervention de l'électricité dans la production de ces phénomènes, soupçonnée déjà par plusieurs médecins, avait été attribuée par M. Onimus à l'action des courants électro-capillaires, et par M. Rabuteau à une simple action chimique due à l'alliage de l'or avec un autre métal et produite par l'humidité normale de la peau. Mais, M. Charcot ayant obtenu la reproduction de la sensibilité générale et spéciale avec de l'or aussi chimiquement pur que possible, ceci semble infirmer l'hypothèse de M. Rabuteau.

Quoi qu'il en soit, la commission rechercha dès lors : 1° si l'application d'un métal déterminerait à la surface du corps des courants électriques dont l'intensité pourrait être mesurée; 2° dans le cas où les courants seraient constatés et mesurés, si ces courants seuls pourraient donner des résultats identiques ou comparables aux effets obtenus par l'application des métaux.

La commission s'adjoignit donc dans ce but

M. Regnard, qui constata que dans tous les cas l'application des plaques déterminait un courant dont on pouvait mesurer l'intensité au galvanomètre. En effet, en faisant communiquer les deux électrodes d'un galvanomètre, l'un avec une pièce d'or appliquée sur la face dorsale de la main, l'autre avec la face palmaire de la même main, l'aiguille du galvanomètre était déviée. On obtint le même résultat, sauf différence de force du courant, avec les autres métaux. En d'autres termes, les courants variaient d'intensité avec les métaux ; par exemple, deux plaques d'or appliquées sur la peau donnaient des courants de 2 à 12 degrés, tandis que des plaques de cuivre donnaient des courants de 40 à 50 degrés.

D'autre part, des courants de pile, appliqués de la même manière, et de même force que ceux obtenus avec les métaux, produisirent chez les malades les mêmes effets que la métallothérapie. Ainsi, chez une malade impressionnable à l'or, un courant de 2 à 12 degrés suffisait pour amener le retour de la sensibilité et de la force musculaire, tandis que chez une autre, sensible au cuivre, il fallait un courant de 40 à 50 degrés pour obtenir ce résultat.

Le *phénomène de transfert*, constaté par l'application des plaques métalliques, se manifestait également lorsqu'on faisait usage du courant de pile.

Un autre fait des plus remarquables, c'est la disparition d'une hyperesthésie intense sous l'influence des courants continus faibles.

« Une malade du service de M. Luys, affectée d'hémihyperesthésie par lésion organique de la moelle, avait été transportée sur un brancard dans la salle des expériences, parce que la marche eût déterminé de cruelles douleurs dans le pied et la jambe hyperesthésiques. Avec le plus grand soin, la malade évitait le contact de tout objet ; elle craignait d'être heurtée par ses voisines ou les gens de service ; elle n'osait faire un mouvement ; la moindre pression sur la surface du corps du côté gauche lui faisait jeter des cris, faisait couler ses larmes ; tout cela durait depuis cinq ans. Des courants continus faibles sont appliqués, pendant cinquante minutes, sur le côté du corps hyperesthésique. Alors l'hyperesthésie fut modifiée à ce point que la malade supportait sans douleur les pressions que l'on exerçait avec la main sur la peau et sur les masses musculaires. De plus, elle put regagner à pied la salle d'infirmerie à laquelle elle appartenait. Le bénéfice de cette application métallique a eu une durée de trois semaines. » (Dumontpallier, 1ᵉʳ *rapport* [1].)

---

1. Voir également : Engel, *Métallothérapie et métalloscopie dans l'hyperesthésie hystérique* (*Philadelphia med., surg. and. Rep.*, mars 1880).

Anesthésie de retour. — Un des faits les plus surprenants est le suivant : Après avoir ramené la sensibilité chez des hystériques par l'administration interne des métaux auxquels les malades étaient sensibles, on a reproduit chez ces malades l'anesthésie primitive par l'application sur la peau de plaques de ces mêmes métaux. Par exemple, une malade sensible à l'or est soumise à la médication aurique jusqu'à ce que la sensibilité générale et spéciale soit complètement rétablie. A ce moment, on suspend l'administration du médicament, et l'on constate l'état de la sensibilité et de la force musculaire. Dès qu'on s'est assuré que celles-ci persistent malgré la cessation de la médication pendant plusieurs jours, on applique sur l'un des bras les plaques métalliques avec lesquelles on avait examiné l'aptitude de la malade.

Quelques minutes après, on constate que la sensibilité disparaît dans les régions voisines des plaquettes, puis dans les régions correspondantes de l'autre bras. Cette anesthésie progresse vers la base et vers l'extrémité des membres supérieurs, puis vers l'épaule, gagne la face, puis les membres inférieurs de bas en haut, enfin le tronc. Dans un cas (Marcillet), au bout d'une heure l'anesthésie cutanée était générale, « l'ouïe était affaiblie, la perception des couleurs était confuse, l'éther sulfurique n'avait plus d'action sur l'odorat, et la coloquinte en poudre sur la langue ne réveillait aucune sensation d'amertume. » Dans le cours de cette expérience, la force musculaire avait diminué de 4 kilogrammes à droite et de 3 kilogrammes à gauche.

On enleva alors les plaques métalliques ; la sensibilité générale et spéciale se manifesta dans un ordre rigoureusement inverse de celui de sa disparition et avec le même mode de propagation rapide dans le sens longitudinal, et lent dans le sens transversal. La force musculaire reprit également sa première intensité.

Ces résultats furent constatés sur deux hystériques sensibles à l'or, et chez une troisième sensible au cuivre. M. Charcot a donné à cette anesthésie de retour, chez des malades guéries en apparence, le nom d'*anesthésie métallique*. D'après M. Burq, lorsque ce phénomène « peut être produit à volonté, les malades ne sont pas complétement guéries. La guérison n'existe probablement que lorsque l'anesthésie métallique ne peut plus être produite ; il y aurait donc, dans ce cas, indication de continuer le traitement interne jusqu'au jour de la disparition de cette anesthésie de retour expérimentale [1]. »

<hr>

1. L'observation continuée des malades sur lesquelles ont été faites les premières expériences de métallothérapie à la Salpêtrière a montré qu'on a pu croire ces malades guéries pen-

Les courants faibles, appliqués au moyen d'une pile de Trouvé à ces malades guéries en apparence, produisirent une anesthésie de retour appelée *post-électrique*, exactement semblable et s'effectuant dans les mêmes conditions que l'anesthésie métallique.

L'influence de l'électricité sur l'anesthésie fut encore constatée d'une autre manière. Après s'être assuré de l'inaptitude d'une malade pour le platine, on mit des plaquettes de ce métal, tenues dans la main d'un des expérimentateurs, en rapport avec les fils d'une pile. Au bout de quinze minutes, on détacha les fils et on appliqua les plaquettes sur l'avant-bras de la malade. L'anesthésie, qui avait disparu sous l'influence du traitement interne, reparut immédiatement, comme nous venons de le décrire, pour disparaître de nouveau, rapidement et en suivant une marche inverse, dès qu'on eut enlevé les plaquettes de platine.

Les mêmes résultats furent obtenus en mettant sur l'avant-bras de la malade une plaque de

dant très longtemps, jusque pendant huit mois ; mais les accès d'hystérie sont revenus alors avec la même intensité.

Un autre fait intéressant, c'est que ces malades avaient changé de sensibilité métallique. Ainsi l'une d'elles, autrefois sensible au cuivre et qui avait passé pour guérie pendant huit mois après l'administration du sulfate de cuivre à l'intérieur, était complètement insensible à ce métal après sa rechute (voir Paul Richer, *Études cliniques sur l'hystéro-épilepsie ou grande hystérie,* Paris. 1881. p. 1 et suiv.).

platine en communication avec le pôle positif d'une pile de Trouvé.

D'autres expériences furent encore faites avec ces plaques de platine.

Chez des malades sensibles à l'or et insensibles au platine, des plaques de ce dernier métal mises en contact avec la peau, alors que la sensibilité était revenue par suite du traitement interne, ne produisirent aucun effet. Mais ces mêmes plaquettes, réunies pendant quinze minutes aux fils de la pile, puis séparées de ceux-ci, ramenèrent l'anesthésie dès qu'on les fixa sur la peau de ces malades. En présence de ces faits, la commission se demanda si ces plaquettes étaient restées chargées d'électricité, et si c'était à cette condition qu'elles avait déterminé l'anesthésie et l'amyosthénie de retour. Elle n'osait encore affirmer que ces plaquettes, chargées d'électricité polarisée, avaient produit des effets identiques à ceux des électrodes de platine en communication avec une pile électrique.

Superposition des métaux. — Des plaquettes composées de métaux superposés ne produisirent pas les mêmes phénomènes que les plaquettes formées d'un seul métal. M. Burq avait déjà observé depuis longtemps que le contact de certaines matières métalliques ou non avait dans plusieurs circonstances privé les plaques de leur efficacité ;

mais il s'était borné à noter le fait sans en rechercher l'explication. De son côté, M. Vigouroux a
vu, dans quelques expériences, qu'un disque
de cuivre ou de zinc perd son action lorsque sa
face libre est recouverte d'une couche de cire à
cacheter ou de gutta-percha ; mais une couche
isolante semblable n'entrave en rien l'action d'une
plaque d'or.

On rechercha dès lors, étant connue l'aptitude
métallique d'une malade, quelle serait l'action de
la superposition d'un autre métal sur la plaquette
en contact avec la peau.

Chez une malade sensible à l'or, si l'on applique sur la pièce d'or une pièce d'argent, les phénomènes ordinaires ne se produisent plus. De
même, lorsque l'anesthésie de retour s'est produite, l'or étant appliqué sur la peau, on peut la
rendre durable en mettant une pièce d'argent sur
la pièce d'or.

D'autre part, considérant que les phénomènes
métalloscopiques se manifestaient de la plaque
métallique placée sur le bras aux parties cen-
trales du corps, on mit un bracelet de pièces d'argent à quelques centimètres au-dessus d'un bracelet de pièces d'or; on empêcha ainsi le retour
de a sensibilité; mais, en enlevant alors le bracelet d'argent et en laissant le bracelet d'or, la
sensibilité reparaissait et reprenait sa marche

ascendante. Au contraire, l'action métallique restait normale lorsqu'on appliquait le bracelet d'argent au-dessous de l'autre.

En d'autres termes, l'application d'un second métal sur le premier ou au-dessous de lui, à un moment donné de la succession des phénomènes déterminés par le premier, immobilise le phénomène dans la phase où il se trouve, mais ne produit rien si le second métal est placé au-dessous du premier.

On essaya alors de placer à gauche un bracelet d'or et à droite un bracelet d'argent : la sensibilité resta normale. En laissant l'argent en place et en enlevant l'or, aucun phénomène ne se produisit ; mais, en agisssant inversement, c'est-à-dire en enlevant l'argent et en laissant l'or, l'anesthésie de retour ne tarda pas à se manifester et à s'étendre à tout le corps.

Dans une autre séance, on appliqua sur la même malade, dont la sensibilité était redevenue normale par le traitement interne, un bracelet d'or sur le bras gauche, et sur le bras droit un bracelet de pièces d'or et de pièces de cuivre superposées. L'anesthésie de retour se manisfesta à gauche, mais la sensibilité persista à droite. Même résultat en remplaçant le bracelet or et cuivre par un autre, dont les pièces d'or et de cuivre étaient séparées par un morceau de soie.

Comme phénomènes exceptionnels, on a signalé de la catalepsie chez deux malades pendant les expériences.

Les progrès de la métallothérapie ne se bornèrent pas là, comme nous le verrons plus loin : on a fait encore de curieuses expériences sur la *xylothérapie*, sur la métallothérapie interne, sur la métallothérapie balnéaire, sur les propriétés æsthésiogènes des vésicatoires, des injections souscutanées de pilocarpine, etc. Mais le résultat pratique le plus important est celui qui concerne l'emploi des aimants dans les anesthésies.

Des courants de pile aux aimants il n'y avait qu'un pas, et M. Charcot ne tarda pas à expérimenter ces derniers. En comparant les résultats donnés par les métaux, l'électricité et les aimants, M. Charcot, et après lui M. Debove, conclut que les effets de l'aimantation sont plus rapides, plus intenses et plus constants, et qu'elle réussit chez un bien plus grand nombre de malades. — Depuis, ces savants médecins n'emploient presque plus que les aimants dans les anesthésies hystériques ou organiques.

Ceux qu'ils ont adoptés, désignés par leur fabricant, M. Ducretel, sous le n° 1, se composent de cinq lames d'acier superposées et recourbées en fer à cheval, chacune ayant une longueur développée de 60 centimètres, 4 centimètres de largeur et 1 centimètre d'épaisseur. Ils portent environ 30 kilogrammes. (Voir Macqret, *De l'aimantation au point de vue médical et en particulier dans les anesthésies. — Thèse de Paris, 1880.)*

Les critiques, comme bien on le pense, n'ont pas manqué aux faits consignés dans les rapports de M. Dumontpallier.

Les médecins français ont accueilli en général très favorablement ce rapport, peut-être par cela même qu'ils s'étaient élevés avec plus de force et pendant plus longtemps contre le *burquisme*.

Les médecins étrangers se sont montrés plus sceptiques. Beaucoup d'entre eux ont pris la peine de venir visiter les malades de M. Charcot et d'assister à ses expériences. Rentrés dans leur pays, ils ont contrôlé sur leurs malades ce qu'ils avaient vu à Paris et publié les résultats qu'ils avaient obtenus. Ne pouvant donc rapporter ici tout ce qui a été écrit depuis deux ans sur la métallothérapie, nous résumerons de préférence l'opinion de ceux qui ont expérimenté après avoir constaté par eux-mêmes ce que faisaient nos compatriotes.

Le docteur Westphal, professeur de psychologie à l'Université de Berlin, lut en juin 1878, à la Société médicale de cette ville, un mémoire dans lequel se trouvent les remarques qu'il a faites pendant ses visites dans les salles de M. Charcot, et les résultats obtenus chez les hystériques par l'application locale de métaux. Il présenta alors à la Société quelques malades atteintes de la même affection, résuma le rapport de la commission de Paris sur le sujet en question, et communiqua les observations qu'il avait recueillies dans son service depuis son retour à Berlin [1].

Une hystérique, atteinte d'hémianesthésie gauche de la peau et des organes des sens (amblyopie, achromatopsie, surdité, perte de l'odorat et du goût) et d'amyosthénie, fut soumise avec succès, mais temporairement, à l'application des pièces d'argent.

Chez une autre malade, non hystérique, qui avait essayé de se suicider en avalant une énorme dose de chloral, il était survenu une hémianesthésie droite, qui ne persistait plus que dans la sphère du nerf cubital. Des applications de pièces d'argent déterminèrent d'abord le retour de la sensibilité, mais cet effet ne fut que momentané.

Chez une autre hystérique (Sparr), ovarique droite, atteinte d'hémianesthésie gauche sans participation des organes des sens, l'application de pièces d'or sur l'avant-bras gauche produisit un retour de la sensibilité pendant trois heures. L'application du fer sur cette malade eut le même résultat, plus durable. Même résultat, plus tardif toutefois, après l'application de plaques de cuivre

1. *Berliner klin. Wochens.*, 20 juillet 1878, p. 411.

vernissées sur la face en contact avec la peau.

Dans une autre expérience, on appliqua à cette malade, à onze heures et demie du matin, des plaques de cuivre enduites de cire à cacheter, et fixées au moyen d'un bandage en gaze tellement serré que la main se tuméfia et devint cyanosée. Le soir, pas de retour de la sensibilité. Le lendemain matin, grande sensibilité de l'avant-bras, œdème considérable de la main ; l'esthésie était revenue dans toute la moitié gauche du corps, excepté dans le bras depuis le point d'application du bandage jusqu'à l'épine de l'omoplate. Hyperesthésie du côté sain. A sept heures, on enlève le bandage et les pièces de métal. A dix heures, la tête et la face étaient redevenues insensibles, sauf la muqueuse nasale, mais la sensibilité avait gagné le bras jusqu'à l'épaule. On trouva de l'anesthésie au bras droit, dans les points correspondant à ceux où l'on avait placé les plaques à gauche ; l'apparition du phénomène de transfert avait été aussi tardive.

Dans une autre séance, des plaques d'os (marques de jeu) appliquées de la même manière, produisirent à peu près les mêmes résultats.

Chez la nommée Hinze, ovarique droite, atteinte d'hémianesthésie du côté gauche et d'une partie du côté droit, non compris les organes des sens, on obtint le retour passager de la sensibilité au moyen d'aimants et d'éléments galvaniques. Un jour, on appliqua un sinapisme sur une portion anesthésique du bras gauche. Au bout de deux heures, toute la sensibilité cutanée était revenue. Cette expérience répétée plusieurs fois donna toujours le même résultat; la sensibilité persistait de six à sept jours. En plongeant la main dans l'eau chaude jusqu'à déterminer une rougeur et une tuméfaction considérables, on ne ramenait pas la sensibilité. Chez cette même malade, on appliqua des sinapismes simultanément sur des points symétriques des deux avant-bras anesthésiques pour voir comment se comporteraient alors les phénomènes de transfert. L'avant-bras droit devint sensible, mais le gauche resta anesthésié.

La nommée Hesse, ovarique gauche, était atteinte d'anesthésie générale et spéciale du côté gauche, et de faiblesse des membres gauches. On appliqua un sinapisme sur l'avant-bras de ce côté; environ deux heures après la sensibilité était revenue dans la région. Un examen rapide de l'avant-bras sain montra une anesthésie dans la région correspondante. Ce transfert de l'anesthésie disparut environ six heures après [1], tandis que la

1. Une malade de Schiffers, hystérique avec hémianestésie gauche, sensible au fer, présentait aussi cette particularité que la simple compression ou l'application d'un sinapisme déterminaient le retour de la sensibilité du côté anesthésié avec transfert (*Annales de la Soc. méd.-chir. de Liège*, avril 1879, p. 183).

sensibilité récupérée du côté malade persistait et s'étendait graduellement, de sorte que trois jours après l'emploi du sinapisme la malade ne présentait plus aucun trouble de la sensibilité.

Toutes ces malades furent soumises à l'irritation produite par la brosse électrique, mais sans aucun résultat.

M. Westphal a pris toutes les précautions pour se mettre à l'abri des causes d'erreur, sachant combien on est porté à mettre en doute les anomalies de la sensibilité accusées par les hystériques.

Les résultats qu'il a obtenus confirment ceux qu'il a observés en France. Toutefois il remarque que le temps qui s'écoule entre l'application des métaux et le retour de la sensibilité a été beaucoup plus considérable chez ses malades que chez ceux de M. Charcot. Il n'a pas toujours constaté le phénomène de transfert, mais il pense que peut-être on n'a pas observé assez longtemps. On a vu également que plusieurs métaux pouvaient produire le même effet chez la même malade, que l'application de sinapismes, de plaques métalliques recouvertes de vernis ou de cire à cacheter, et même de substances non métalliques, pouvait avoir la même action. Dans ce dernier cas, toutefois, le résultat se manifeste plus lentement, et la pression semble ici jouer un certain rôle, mais néanmoins diffère de ce qu'on a observé en France. Ces faits battent en brèche la théorie de Regnard, d'après laquelle le retour de la sensibilité dépendrait de la production de courants galvaniques par l'application de métaux [1].

Marigliano et Sepelli ont répété les expériences de Charcot, Gellé et Landolt relatives à l'influence des courants électriques et des aimants sur l'anesthésie, chez trois malades : deux femmes affectées d'hystéro-épilepsie et un homme atteint d'hémiplégie consécutive à une chute. Ils donnent de leurs expériences les conclusions suivantes :

1 Dans l'hémianesthésie, l'application des courants électriques, ou des plaques métalliques, ou d'un aimant, détermine non seulement le retour de la sensibilité générale, mais encore celui de la sensibilité spéciale.

2° Dans l'hémianesthésie d'origine cérébrale et organique, le retour de la sensibilité causé par ces divers moyens s'étend non seulement à la zone d'application, mais encore à toute la moitié anesthésiée du corps.

3° Dans l'hystérie, le retour de la sensibilité

---

1. Bernhardt n'est pas de cet avis. Il pense que les résultats expérimentaux obtenus au moyen de corps non métalliques ne suffisent plus à réfuter l'intervention de courants électriques depuis que Jos. Thomson a montré que des corps non conducteurs, tels que le verre, la cire, la laque, peuvent donner lieu à des courants électriques (*Berlin. klin. Wochens.*, 1878, p. 643).

du côté anesthésié coïncide avec la disparition de la sensibilité du côté sain, et cela dans une zone parfaitement symétrique.

4° La durée du retour de la sensibilité est plus persistante dans les cas d'anesthésie organique que dans ceux d'anesthésie fonctionnelle.

5° Il est probable que les différents moyens qui déterminent ces effets agissent tous par l'intermédiaire de courants électriques, qui à leur tour agissent soit sur les fibres vaso-motrices, soit plus spécialement sur les fibres sensitives.

6° Le pôle positif de l'aimant paraît avoir une plus grande action que l'autre.

7° L'hyperesthésie ovarique peut disparaître sous l'influence de l'aimant (*Revista sperimentale di Freniatria*, anno IV, fascicolo 1, 1878, p. 36).

Les assertions de M. Charcot ont encore été confirmées par les observations de Thompson [1], de Wilks [2], Ost [3], Mader [4], etc.

Le docteur Hugues Bennett a également répété toutes les expériences faites avant lui, dans plusieurs cas d'anesthésie et d'analgésie, mais les

1. Thompson, *Brit. Med. Jour.*, 3 novembre 1877, t. II, p. 621.
2. Wilks, *Brit. Med. Journ.*, 20 juillet 1878, t. II, p. 102.
3. Wilh. Ost, *Corresp. Bl. schweiz. Aerzte*, 1880, p. 521.
4. Mader, *Wiener med. Wochens.*, 1880, p. 681. — Singer, *Prager med. Wochens.*, 1880, p. 107. — Sciamanna, *Gaz. med. di Roma*, 1er juin 1878, p. 227.

résultats qu'il a obtenus sont un peu différents de ceux de M. Charcot [1].

Il a constaté le retour de la sensibilité sous l'influence de l'application des métaux, mais il n'admet pas que chaque individu soit influencé par un métal particulier, unique, à l'exclusion des autres. Il a trouvé, après des essais répétés et étendus, qu'il y a peu de différence dans les résultats, quelle que soit la substance employée. Ainsi dans un cas on essaya plusieurs métaux sans obtenir le plus léger effet; enfin le zinc ramena complètement la sensibilité locale pendant plusieurs heures. Le lendemain, le zinc produisit encore la même action; dans la suite, les métaux qui avaient d'abord échoué réussirent à leur tour, et parfois le zinc était tout à fait impuissant.

Pour savoir si les phénomènes observés étaient dus à une propriété particulière des métaux, M. Bennett a employé des disques de bois qui ont agi comme les plaques métalliques. Chez une malade atteinte depuis plus d'un an d'hémianesthésie et d'hémianalgésie, après avoir essayé un certain nombre de métaux avec des résultats divers, il appliqua deux boutons de bois sur le bras. Une demi-heure après, celui-ci avait recouvré sa

<hr>

1. Bennett, in *Brain*, Journ. of Neurologie, octobre 1878, p. 331. — Voir également *Brit. med. Journ*, 23 nov. 1878, t. II, p. 759.

sensibilité, et l'a conservée depuis trois mois, les autres parties du corps restant anesthésiques comme autrefois. L'expérience faite avec les disques de bois a été fréquemment répétée, et les résultats auraient été aussi certains et constants qu'avec n'importe quel métal.

Le retour de la force musculaire a été constaté après l'application des métaux et des plaques de bois.

M. Bennett admet que la circulation capillaire est plus active dans les parties sensibles que dans les régions anesthésiées, tout en objectant néanmoins que la rougeur observée chez les premières après l'application des plaques peut avoir pour cause les explorations faites pour s'assurer du degré d'anesthésie. Cette influence sur la circulation capillaire appartient autant aux plaques de bois qu'à celles de métal.

L'anesthésie de retour n'a pas paru s'effectuer comme l'avait indiqué M. Dumontpallier dans son rapport. D'après cet auteur, lorsque la sensibilité est rétablie par l'application des plaques de métal sur la peau, l'anesthésie revient à un moment donné pendant cette application et persiste mieux que jamais. M. Bennett n'a jamais observé de changements aussi brusques ni aussi réguliers.

Le *phénomène de transfert* ne s'est pas produit

dans ces expériences, et l'auteur anglais n'a rien constaté sur l'achromatopsie.

La métallothérapie interne n'a pas donné à M. Bennett de résultats favorables. Dans un cas où les disques de zinc avaient fait disparaître l'anesthésie, il a administré le valérianate de zinc pendant un mois sans succès ; dans un autre cas d'anesthésie de la jambe, qui avait été modifiée par des disques de bois, il fit prendre une infusion de quassia à la malade, qui au bout d'une semaine se déclara en bon état de santé.

M. Bennett se demande en terminant si les modifications favorables observées sont dues à quelque propriété spéciale, électrique ou autre, provenant d'un métal particulier, ou résultent de l'influence que son application exerce sur l'esprit, qui, à son tour, réagit sur le corps. Il penche pour cette dernière manière de voir, en se basant sur les considérations suivantes :

1° Les phénomènes surviennent pour la plupart chez des femmes et chez des personnes d'un tempérament hystérique, chez lesquelles les émotions et l'*attention expectante* sont particulièrement aptes à produire des modifications rapides et soudaines.

2° Aucun des effets résultant de l'application des métaux n'est contraire à ce que l'on a observé comme provenant de l'influence de l'esprit sur le corps.

3° Les symptômes d'anesthésie et d'analgésie sont si changeants et si instables qu'il est difficile de dire positivement quand ils sont directement influencés par les médicaments. « J'ai, par exemple, en ce moment, dans mon service à West-minster Hospital, une malade qui présente fréquemment pendant des heures une anesthésie et une analgésie complètes de la cuisse droite. D'autres fois, la peau est parfaitement normale, et cela sans traitement et sans cause apparente. Nous n'avons non plus aucun moyen physique convenable de mesurer la sensibilité, et en cela nous dépendons presque toujours de l'assertion des malades. »

4° Le fait : *a.* que l'action des métaux a été incertaine et inconstante dans les mains de l'auteur; *b.* qu'aucun métal ne paraît convenir spécialement à un malade donné, puisque ce qui échoue une fois peut réussir une autre; et *c.* qu'un métal n'est pas nécessaire, des plaques de bois ayant produit tous les phénomènes annoncés, semblerait indiquer que les effets de la métallothérapie sont d'origine mentale et non physique.

Le docteur Beard, de New-York, a publié quelques notes, réunies en une brochure intitulée *Experiments with living human beings*, dans laquelle il pose les principes « qui doivent gouverner notre raison lorsqu'il s'agit d'apprécier les

faits dans lesquels la vie involontaire ou subcon-
sciente (*subsconscious*) joue un certain rôle. » Les
sources d'erreur dans ces cas peuvent naître : des
diverses manières d'être de l'esprit et du corps qui
ne sont pas sous l'influence de la volonté et de
la conscience, soit chez l'expérimentateur, soit
chez son sujet; de tromperies, volontaires ou
non, de la part du sujet; de la participation in-
tellectuelle ou non de tierces parties; de hasards
et de coïncidences. Les conditions d'expérimen-
tation doivent être : de ne pas répéter la même
expérience sur le même malade; de ne pas prévenir le malade qu'on fera l'expérience; d'éviter
toute sensation, de quelque nature que ce soit, de
la part du sujet à l'expérimentateur; d'éviter toute
manifestation capable d'éveiller l'*expectant attention;* enfin, de contrôler les expériences de toutes
les manières.

L'auteur pense que M. Charcot n'a nullement
observé ces précautions, et que ses résultats sont
des phénomènes d'extase, qu'on ne peut, en aucune façon, rapporter à une action électrique ni
même à une irritation cutanée (Voir : de Watteville, *Brain*, juillet 1879, p. 275).

Le docteur Beard est revenu sur ce sujet à la
quarante-septième session de la *Bristish Medical
Association*, tenue en 1879 à Cork, à propos d'une
communication du docteur Ringrose Atkins sur la

métalloscopie dans le traitement de l'hémianesthésie hystérique [1].

Après avoir rappelé ce qui précède, M. Beard
ajoute qu'il a fait, il y a un certain nombre d'années, dans une des institutions de New-York, une
série d'expériences sur l'emploi de la thérapeutique mentale seule, sans faire usage d'aucun traitement objectif. Pendant plusieurs mois il traita
tous ses malades atteints d'affections nerveuses
par l'application de métaux et de divers objets
brillants en dehors des vêtements. Les résultats
démontrèrent ces deux faits, qu'il considère comme
nouveaux dans la science, et qui ont été niés par
les névrologistes, bien qu'ils puissent être véri-
fiés par tout le monde : 1° des affections organiques peuvent souvent être soulagées par une influence mentale mieux que par un traitement
médical ; 2° des affections fonctionnelles de diverses espèces peuvent être guéries pour toujours
de cette manière. — Non seulement l'hystérie,
les paralysies, les névralgies, le rhumatisme, etc.,
furent traités avec succès par la thérapeutique
mentale seule, mais les résultats, comparés impartialement à ceux que l'on obtient avec la médication objective ordinaire, furent bien supérieurs
à ces derniers.

1. *Brit. Med. Journ.*, 6 septembre 1879, t. II, p. 373.

Nous avons signalé ces faits, ou plutôt ces idées, pour montrer jusqu'où pouvait aller la puissance thérapeutique de la volonté seule, en Amérique; mais nous avouons que les résultats annoncés nous paraissent beaucoup plus extraordinaires que ceux obtenus par les médecins français.

Ces doutes portés sur la valeur des observations faites en France sur la métallothérapie ont trouvé de l'écho dans plusieurs articles publiés dans les journaux anglais. M. Douglas Aigre en a signalé quelques-uns dans sa thèse [1]. Ils peuvent se résumer ainsi :

« On ne saurait trop se mettre en garde contre les supercheries des hystériques et l'hyperesthésie sensorielle dont elles peuvent être douées, ce qui est parfaitement vrai, et qui est aussi bien connu des médecins qui se sont occupés de la question en France que partout ailleurs.

« Dans les expériences faites à la Salpêtrière et ailleurs, et dont les comptes rendus se trouvent presque tous dans les *Bulletins de la Société de biologie*, les expérimentateurs n'ont pas suffisamment tenu compte de ce côté de la maladie « hystérie » et se sont laissés bénévolement induire en erreur par les patients (Aigre, p. 80).

« Enfin, l'attention fixée avec force et persis-

1. Aigre, *Etude clinique sur la métalloscopie et la métallothérapie externe dans l'anesthésie*, thèse de Paris, 1879.

tance sur une partie affecte soit sa circulation, soit son innervation, soit les deux à la fois; naturellement les effets de l'attention sont beaucoup plus marqués lorsqu'il s'y ajoute la prévision expresse de quelque résultat déterminé. Le système vaso-moteur est la voie probable de cette influence [1]. » (Carpenter, cité par Aigre, p. 79.)

M. Aigre fait bonne justice de ces critiques, dont M. Oscar Jennings s'est fait le trop complaisant *reporter* dans sa thèse [2].

« Les auteurs anglais, dit-il, ne parlent seulement pas des cas où l'on a eu affaire non plus à des hystériques, mais à des femmes hémiplégiques, par cause organique, et encore mieux à des hommes dont les uns avaient un foyer hémorrhagique cérébral, et dont les autres étaient affectés d'anesthésie de cause toxique (alcoolisme, saturnisme). » (Thèse, p. 80.)

On ne comprend pas davantage comment les hystériques, malgré toute l'attention dont on puisse les supposer douées, aient pu deviner ce que c'était que le phénomène du transfert avant même que les observateurs l'aient découvert, et trouver la loi de M. Landolt sur l'achromatopsie de façon à l'appliquer exactement chaque fois qu'on

1. Ceci peut être considéré comme la définition de ce que les Anglais ont appelé *l'expectant attention.*
2. Voir aussi la critique de M. Vigouroux dans le *Progrès médical,* 1878, p. 1000.

l'expérimentait sur chacune d'elles. « Et ce phénomène si intéressant de la disparition de certaines couleurs dans un œil au moment où elles apparaissaient dans l'autre, comment l'auraient-elles trouvé? »

Quant à ce fait, annoncé par M. Bennett, que des corps non métalliques peuvent exercer la même action que les métaux, M. Vigouroux y a répondu de la manière suivante :

« Nous avons trouvé que beaucoup d'agents sont aptes à produire des phénomènes métalloscopiques, et nous n'avons pas la prétention d'en avoir clos la liste. Notre thèse est celle-ci : un certain nombre d'agents physiques produisent invariablement la série des phénomènes en question, tandis que d'autres agents, ou les mêmes dans d'autres conditions d'intensité, ne les produisent jamais. Après cela, que les disques ou *certains* disques de bois soient dans la première ou dans la seconde de ces catégories, c'est en réalité une question d'ordre secondaire. » *Progrès médical,* 7 décembre 1878, p. 944.)

Rappelons à ce sujet les résultats obtenus par Westphall avec des corps non métalliques, et ce fait que M. Thermes est arrivé à obtenir tous les phénomènes métalloscopiques habituels, y compris celui de transfert, par l'application d'un morceau de glace dans un cas d'hystérie. (*France médicale*, 1878, p. 71.)

Cependant Westphall s'est livré à une expérience qui pouvait faire croire, à tort selon lui, à une simulation de la malade. Il s'agit d'une hystérique qui, entre autres phénomènes, avait de l'amblyopie et de la cécité des couleurs du côté gauche. On la fit regarder dans un stéréoscope, de telle façon que ce qu'elle croyait voir avec l'œil droit, sain, elle le voyait en réalité de l'œil gauche aveugle, et inversement. On put reconnaître ainsi que l'acuité visuelle et la notion des couleurs étaient parfaites du côté gauche. Hirschberg est arrivé à des résultats analogues chez deux autres hystériques hémianesthésiques. (*Travail cité*, et *Revue des scien. méd.*, 1880, t. XV, p. 498.)

Tous les auteurs anglais qui ont écrit à ce sujet n'ont pas été injustes envers nos compatriotes. Dans un article empreint cependant d'un certain scepticisme, M. Hack Tuke rend compte impartialement des faits qui se sont passés sous ses yeux à la Salpêtrière. Son scepticisme a eu ce bon côté que le médecin anglais n'a accepté les faits que sous bénéfice de contrôle; et un jour, voyant une anesthésie disparaître à la suite de l'application d'une plaque de métal, il y substitua un carton de mêmes dimensions en employant les mêmes manœuvres, afin d'agir de la même manière sur l'attention expectante, mais le résultat fut absolument négatif[1].

M. Tuke a vu à Londres six cas d'hémianesthésie; chez deux malades, l'application des métaux ne produisit rien; dans un cas, la sensibilité reparut; dans deux cas, le galvanisme produisit un effet marqué; le phénomène de transfert ne se manifesta distinctement que dans un cas.

Enfin, tandis que M. Horatio Donkin, dans le *Bristish Medical Journal* du 26 octobre 1878, p. 619, fait à ce qu'il appelle « les expériences de la Salpêtrière » le grave reproche de manquer de *rigueur expérimentale*, M. Tuke, qui a suivi ces expériences, est d'un avis entièrement opposé.

Dans le tirage à part de son mémoire, Tuke ajoute quelques faits intéressants recueillis par le docteur Müller (de Graz), qui avait répété les expériences de la Salpêtrière en s'entourant de toutes les précautions capables de lui permettre d'éviter toute cause d'erreur. Des disques de bois, d'os, de liège, de verre, de marbre, furent employés dans un cas, entre autres pour se rendre compte des phénomènes métalloscopiques; mais les résultats furent toujours négatifs, à moins qu'on n'ajoutât le métal reconnu actif, l'étain. Les phénomènes habituels de guérison et de

1. Hack Tuke, *Metalloscopy and Expectant Attention* (the Journ. of Mental Science, janvier 1879, p. 598).

transfert dans les cas d'anesthésie, d'achromatopsie et de contracture se produisirent, et un
nouveau fait fut noté, c'est-à-dire le transfert
d'une hémiparaplégie. La Société médicale autri-
chienne vérifia ces faits et en reconnut l'exactitude. L'auteur rapporte plusieurs succès en cas de
lésions réunies de la motilité et de la sensibilité [1].

En présence d'un pareil concours de témoi-
gnages impartiaux, il serait prématuré, conclut
le docteur Tuke, de soutenir, sans plus ample
informé, que l'influence des applications métalliques ne doit être attribuée qu'à *l'expectant attention*.

Xylothérapie. — Les expériences de Bennett,
Westphall, Müller, etc., relatives aux propriétés
esthésiogènes des bois, ont été reprises dans le service de M. Dujardin Beaumetz par un de ses élèves,
M. Jourdanis. C'est ainsi que de la métallothérapie
est née la xylothérapie (de ξυλον, bois).

Les recherches de M. Jourdanis ont été faites
sur quatre femmes hystériques.

« Lorsqu'on applique une rondelle de bois sur
la peau de ces malades, dit M. Dujardin-Beaumetz,
on détermine au bout d'un temps variable les phénomènes que voici : tout d'abord, la malade se
plaint de la compression faite par le lien qui sert
à maintenir la rondelle de bois ; cette pression

1. Müller, *Berl. klin. in Woch.*, juillet 1879, n⁰ˢ 28 et 29.

passait d'abord inaperçue ; puis la malade sent nettement la rondelle elle-même, et, si l'on vient à ce moment à la retirer, on constate que la peau en ce point est plus rouge et plus chaude que dans les parties avoisinantes ; de plus, les piqûres que l'on a faites en ce point pour bien constater la perte de la sensibilité sont devenues saignantes ; à ce moment, la malade perçoit très nettement les piqûres dans toute la zone en contact avec le disque de bois, et, si l'application a duré longtemps, on voit de proche en proche la sensibilité reparaître. Comme mes malades étaient complètement anesthésiques, je n'ai pu obtenir de transfert ; mais sur une malade placée dans le service de M. Mesnet et qui est atteinte d'hémiplégie de la sensibilité, hémiplégie qui a déjà été le sujet de recherches de Dumontpallier, qui avait opéré par les métaux un transfert très manifeste, j'ai par le disque de bois ramené la sensibilité dans les points anesthésiés sans pour cela provoquer de transfert. »

Tous les bois n'ont pas la même action.

« C'est l'écorce de quinquina jaune qui jouit des propriétés esthésiogènes les plus énergiques, et qui paraissent même supérieures à celles des métaux. En quelques minutes, cette écorce de quinquina appliquée sur la peau a ramené non seulement localement la sensibilité, mais encore l'a rétablie dans une zone très étendue. Puis viennent le thuya, le bois de rose, l'acajou, le pitchpin, le noyer, l'érable, le pommier, qui jouissent de propriétés esthésiogènes manifestes; mais avec ces bois la persistance de la sensibilité est de courte durée, et souvent, un quart d'heure après leur application, l'anesthésie est devenue aussi complète qu'auparavant.

« Le palissandre, le frêne, le peuplier, le sycomore, ne jouissent d'aucune propriété esthésiogène, quelle que soit la durée de leur application. »

M. Dujardin-Beaumetz attend de nouveaux faits pour chercher à interpréter les précédents; mais dès à présent il repousse complètement l'opinion des médecins anglais qui font jouer à l'*expectant attention* le rôle dominant dans tous les phénomènes de métalloscopie. (*Bull. gén. de thér.*, 15 août 1880, t. XCIX, p. 97.)

Dans une note sur les propriétés électriques de la cellulose, M. Seure rappelle que cette substance a la même composition chimique dans tous les végétaux, mais qu'elle n'a pas toujours des propriétés identiques, par suite de diverses causes; il se demande à ce sujet si ce n'est pas dans ces conditions variables qu'il faudrait chercher l'explication des diversités d'action des différents bois expérimentés. (*Bull. de thér.*, 15 sept. 1880, p. 220.)

La liste des agents esthésiogènes est d'ailleurs loin d'être épuisée.

Parona a rapporté récemment l'histoire d'une petite fille qui, infectée par accident de la syphilis à cinq ans, présentait à dix ans une achromatopsie bilatérale avec hémianesthésie gauche et amyosthénie droite, attribuées à la syphilis. De nombreuses expériences métalloscopiques furent faites sur cette malade, qui guérit parfaitement par l'application de bracelets de cuivre recouverts de laque.

Parona a essayé un certain nombre de métaux et de corps minéraux, qui, appliqués sur le bras anesthésié, ont amené le transfert au bout de :

2 minutes : durée, 15 minutes avec le bisulfure de fer.
7   —   20   —   —   sesquisulfure d'antimoine.
2   —   non indiquée   —   monosulfure de plomb argentifère.
15   —   »   —   graphite.
12   —   »   —   carbonate de chaux.
15   —   »   —   sulfate de chaux hydraté.
5   —   »   —   fluorure de calcium.
5   —   »   —   amiante.

Aucun résultat avec le sulfate de baryte et le mica. (*Ann. univ. di med. e chir.*, oct. 1879, t. 249, p. 336.)

L'auteur d'un article sur le sujet qui nous occupe, inséré dans le numéro d'avril de la *Birmingham Medical Review*, résume les principales expériences et opinions sur les propriétés des métaux et des aimants appliqués à la cure des anesthésies hystériques, et conclut que l'*expectant attention* ne peut rendre compte de tous les faits observés. Pour lui, comme pour tant d'autres, cette théorie n'explique pas, par exemple, le phénomène de transfert; ni la disparition de l'achromatopsie, s'effectuant dans le même ordre de couleurs dans chaque cas; ni la fixation de l'effet produit par la superposition des métaux, etc. L'auteur invite avec beaucoup d'à-propos ses lecteurs à conserver une attitude d'*attention expectante* envers ses observations, qui, quelle que puisse être leur valeur pratique, sont d'un très grand intérêt scientifique sous le rapport de l'influence des métaux et des aimants sur l'organisme humain.

Le docteur Sigerson, dans son exposé des travaux sur la question soulevée par les phénomènes observés récemment dans l'hystéro-épilepsie et l'anesthésie cérébrale, s'est aussi efforcé de démontrer que le professeur Charcot et les autres médecins éminents qui ont pris part aux expériences de la Salpêtrière n'étaient pas tombés dans les erreurs grossières d'observation que leur reprochaient les partisans de l'*expectant attention*[1].

Sigerson rapporte une expérience du professeur Schiff, qui remplit exactement les conditions

---

1. *Brit. Med. Journ.*, 1er et 8 février 1879, t. I, p. 143 et 181.

exigées par le docteur Carpenter [1]. Un solénoïde est placé sur le doigt anesthésique d'un malade dont les yeux sont bandés. Un observateur interroge de temps en temps la sensibilité, tandis qu'un autre caché derrière un écran à tous les yeux, fait passer et interrompt le courant. Les périodes de retour de la sensibilité coïncident uniformément avec celles pendant lesquelles le courant circule.

Schiff fit encore une autre expérience : on fit respirer une malade à travers un rouleau de papier à l'extrémité duquel on avait placé un solénoïde, tandis qu'un expérimentateur invisible faisait passer et interrompait le courant. Au bout d'un certain temps, on vit que l'anesthésie siégeant à droite disparaissait : on venait justement de faire passer le courant. En examinant sur le côté gauche si l'anesthésie de transfert s'était produite, on n'en trouva pas. Ce résultat était dû sans doute à ce que le solénoïde était placé sur la ligne médiane du corps.

Schiff a observé un cas de coccygodynie intermittente dans lequel il survenait un accès de douleur chaque fois que le solénoïde touchait le malade ou qu'on faisait respirer celui-ci à travers le fil aimanté. Il se refusait alors à attribuer tous

1. *Brit. Med. Journ.*, 11 décembre 1878, t. II, p. 866.

les effets produits à une action physique, jusqu'à ce qu'il eût observé de semblables phénomènes en expérimentant sur des animaux.

De retour à Genève, Schiff a institué une suite de recherches physiologiques, dans le but d'élucider les faits dont il avait été témoin dans le service de M. Charcot. (*Archives des sciences physiques et naturelles*, Genève, 1879, n° 3. — Voir encore la communication faite par Schiff sur la métallothérapie, au 52ᵉ congrès des naturalistes allemands, dans *Berlin. klin. Wochens.*, 6 oct. 1879, p. 607.)

Des expériences sur les nerfs de la grenouille n'ont rien donné de positif.

Sur les chiens, les résultats ont été tout autres. On fait, chez l'un d'eux, une lésion superficielle de la partie de l'hémisphère gauche qui correspond à la patte antérieure. Quelques mois après, la patte étant insensible au simple contact et au chatouillement, on l'introduit dans un solénoïde de Regnard; quinze ou vingt minutes après, l'excitabilité par le contact et par le chatouillement est très marquée. En prolongeant l'action de la bobine, la restitution de la sensibilité ne s'accentue pas davantage. Une fois la bobine enlevée, la sensibilité acquise se maintient pendant plus de cinq heures. Le lendemain, le chien est revenu à son état antérieur, et l'on peut renouveler l'expérience.

Un autre chien, opéré un peu plus profondément, a perdu la sensibilité au contact et à la pression. La lésion a intéressé à la fois le centre de la patte antérieure et celui de la patte postérieure. Chez cet animal, l'introduction de la patte antérieure dans le solénoïde donne les mêmes résultats que chez le précédent; il y a de plus cette particularité que la sensibilité reparaît en même temps dans la patte postérieure, restée libre. Elle durait de trois à quatre heures dans les deux membres.

Des effets semblables ont été observés chez trois autres chiens opérés de la même manière.

Ce travail est encore une réponse à l'argument de ceux qui prétendaient que l'action des métaux, des aimants, etc., devait s'expliquer par un simple jeu de l'imagination des malades. Les faits observés chez les animaux par Schiff sont, en effet, analogues à ceux qui ont été constatés chez l'homme.

Comme le fait remarquer M. Vigouroux, dans les deux cas le retour de la sensibilité est temporaire; « de plus, la faculté de ce retour semble épuisée momentanément par une expérience; il faut, pour l'observer de nouveau, laisser un certain intervalle entre deux essais consécutifs. C'est ainsi que les choses se passent chez les hystériques.

« D'un autre côté, il n'y a pas eu de *transfert*. Cela a été noté également dans presque tous les cas d'hémianesthésie de cause organique.

« Le temps nécessaire à l'évolution des phénomènes est sensiblement le même chez le chien et chez l'homme ; et, enfin, chez le chien, dont les deux membres du même côté étaient anesthésiés, la sensibilité est revenue simultanément dans le membre postérieur, bien que l'on n'eût agi que sur l'antérieur, comme cela a été aussi observé chez un malade de M. Vulpian, atteint d'hémianesthésie. »

M. Schiff dit en terminant : « D'après ce que j'ai vu jusqu'ici, l'effet (du solénoïde) est beaucoup moins constant après une lésion des cordons postérieurs ou après une hémisection de la moelle qu'après une destruction des centres sensibles du cerveau. » Or, ajoute M. Vigouroux, « nous venons précisément de voir, dans le service de M. Charcot, une malade qui présente des symptômes analogues (mais atténués) à ceux d'une hémisection de la moelle. Une application d'aimant n'a modifié en rien la dysesthésie. » (*Progrès médical*, 31 mai 1879, n° 22, p. 432.)

Déjà le professeur Maggiorani avait observé des faits assez analogues relatés dans un mémoire publié à Milan en 1869 (*Le Magnete e i Nervosi*) et dans deux communications à la *Reale Academia dei Lincei* (5 mai 1872 et 5 janvier 1873). Les expériences furent faites avec des aimants faibles, quelquefois rotatoires, et des solénoïdes, dans différentes formes d'affections nerveuses, organiques ou fonctionnelles. Il obtint aussi des effets marqués par l'application des aimants sur des chats. Des malades hystériques, ataxiques, hémiplégiques, diabétiques, furent trouvés sensibles à l'action des aimants; mais Maggiorani ne dit pas qu'il ait obtenu des effets prolongés ou thérapeutiques.

Les principaux symptômes qui se manifestèrent dans les cas de succès furent des troubles sensitifs, des phénomènes convulsifs ou spasmodiques, et une élévation de la température. Maggiorani donne un tableau des cas dans lesquels le thermomètre monta quelquefois de 2 et même 4 degrés centigrades après l'application des aimants.

Dans un travail plus récent, Maggiorani, après avoir constaté l'exactitude des faits annoncés par Burq, Dumontpallier et Charcot, déclare qu'il n'a pu trouver les courants électriques qui, d'après ces observateurs, se développeraient au contact des métaux et du tégument, chez les hystériques traitées par l'application de plaques métalliques, quoique les effets de cette application fussent très marqués. *(Bull. de thér.*, 15 août 1880, p. 100.)

Maggiorani analyse à ce propos un nouveau

travail de Schiff, dans lequel cet auteur cherche aussi à se rendre compte de la nature de l'action des métaux en contact avec la surface cutanée. Schiff rejette l'idée de l'existence d'un courant électrique. Il rappelle que Westphall a vu les effets physiologiques de la métalloscopie se produire même après avoir séparé les métaux de la peau par un corps mauvais conducteur : soie, cire à cacheter, bois. Lui-même a employé le caoutchouc avec un résultat semblable. D'autre part, Schiff a obtenu des effets esthésiogènes par l'application de corps très chauds (58°), un sinapisme, etc.

Pour expliquer l'apparition des mêmes phénomènes sous l'influence d'agents si divers, métaux, aimants, chaleur, impressions morales, Schiff invoque une condition commune à tous ces facteurs, la propriété de produire des vibrations moléculaires très rapides, transmissibles à d'autres corps. Il admet que, dans l'hémianesthésie et les autres troubles de l'hystérie, il y a une modification moléculaire du système nerveux, et comme d'une part ces conditions morbides sont très variables, et que de l'autre le mouvement moléculaire varie suivant les corps, il en résulte que tantôt tous les métaux pourront réussir, tantôt il y en aura plusieurs, tantôt il n'y en aura qu'un seul.

« Dans cette théorie, tout hypothétique, il y a un point qui relève de l'expérience : c'est que de faibles ébranlements moléculaires venant du monde extérieur peuvent traverser le corps pour arriver jusqu'aux centres nerveux et en faire vibrer certaines fibres. Maintenant, si tous ces phénomènes dépendent de mouvements moléculaires, nous devons pouvoir reproduire les merveilles de la métallothérapie au moyen des agents les plus divers, pourvu qu'ils puissent provoquer un mouvement moléculaire d'une certaine vitesse. »

Maggiorani a fait quelques expériences qui paraissent venir à l'appui de l'hypothèse de Schiff; ainsi il a déterminé, chez des hystériques non anesthésiques, une diminution de la sensibilité, en mettant en vibration un diapason fixé sur une caisse harmonique en bois, assez grande pour que l'avant-bras et la main pussent y tenir sans toucher la paroi. Le développement de l'électricité était donc impossible dans ces conditions.

De son côté, Schiff avait fait une expérience dans laquelle il démontre que l'action des aimants peut s'exercer à une distance même de 6 mètres, tandis que les métaux n'agissent qu'au contact, ce qui semble indiquer qu'il s'agit là d'autre chose que d'une action électrique.

Toutefois M. Seure a essayé de démontrer le contraire.

Dans sa note sur les propriétés électriques de la cellulose, ce médecin rappelle que le collodion

fournit, par la dessiccation, des feuilles minces que
le moindre frottement et que la pression électri-
sent. De même, la pression peut mettre en jeu
les propriétés électriques d'une substance. D'autre
part, l'examen microscopique des feuilles de collodion vierges de frottement, puis électrisées, a démontré l'existence, chez ces dernières, de modifications diverses de l'état moléculaire superficiel
qui seraient l'*expression* de l'état électrique du
collodion.

Rapprochant de ces observations d'autres faits
constatés sur la gutta-percha et le verre, l'auteur
conclut que les manifestations électriques sont le
résultat de modifications ou troubles apportés dans
l'état moléculaire superficiel du corps par l'ébranlement particulier qui leur est communiqué d'une
façon ou d'une autre.

« Cette explication, dit en terminant M. Seure,
n'est pas trop opposée aux vues du Dr Maggiorani,
et l'ébranlement moléculaire qui, pour moi, détermine l'état électrique apparent, sensible, et
persiste après lui, peut très bien se communiquer
au système nerveux sous forme de vibrations. »
(*Bull. de thér.* 15 sept. 1880, p. 220.)

On lira encore avec fruit à ce sujet la note de
M. Boudet de Pâris sur le traitement de la douleur
par les vibrations mécaniques (*Progrès médical.*
1881, p. 93), et celle de M. Vigouroux sur les pro-

priétés électriques du collodion (*Gaz. méd. de Paris*, 9 juillet 1881, p. 405).

En tout cas, ces faits sont entièrement contraires à la théorie de l'*expectant attention*, comme d'autres que nous allons rappeler.

Dans le but d'obtenir une base physiologique pour les expériences relatives à la métalloscopie, Vierordt étudia d'abord l'influence des métaux, appliqués à l'extérieur, sur la sensibilité des grenouilles [1].

Le cerveau fut enlevé pour prévenir les mouvements spontanés, et l'animal fixé sur le dos. On appliqua alors sur l'abdomen un disque de zinc (dans un cas, on se servit de plomb). L'expérience fut commencée quinze minutes après l'ablation des hémisphères. On constata l'état de la sensibilité en touchant ou comprimant un orteil de l'animal et en notant le temps écoulé entre l'attouchement et le mouvement réflexe produit dans une des pattes ou dans les deux. Chaque animal fut expérimenté pendant des périodes de vingt-cinq à quarante minutes, alternativement avec ou sans application métallique. Dans ce dernier cas, il y avait un accroissement évident de l'irritabilité réflexe.

La principale objection que l'on peut faire à ces expériences, c'est qu'on peut facilement obtenir

1. Vierordt, *Centralblatt f. Med. Wiss.*, 1879, n° 1, p. 1.

un résultat positif ou négatif en donnant à l'irritation mécanique une intensité plus ou moins grande.

Les faits cliniques suivants viennent à l'appui de ce qui précède :

Le Progrès médical du 25 janvier 1879 renferme la *relation d'un cas de léthargie provoquée par l'application d'un aimant*, par M. Landouzy.

Il s'agit d'une femme entrée dans le service de M. Hardy, à la Charité, pour des accidents d'*hysteria major* (contractures, paralysie, hémianesthésie, chorée saltatoire), ignorant complètement ce qui se passait à la Salpêtrière, seule hystérique de son service et chez laquelle on voulait voir ce que produirait l'application de l'aimant. Le résultat obtenu a fort surpris les expérimentateurs. Les pôles de l'aimant étant mis en contact avec la paroi abdominale, la malade ayant les yeux bandés, deux minutes après survint un sommeil profond, avec anesthésie générale et résolution musculaire. Dès qu'on retira l'aimant, la malade se réveilla et la sensibilité revint.

Plus de dix fois, les jours suivants, on refit l'expérience dans les mêmes conditions, en variant seulement le point d'application de l'aimant, et toujours on obtint le même résultat. Au contraire, lorsqu'on a mis en contact avec la peau le point neutre de l'aimant ou un morceau de fer simple, aucun phénomène ne s'est produit.

Ces résultats, outre qu'ils sont encore une preuve contre l'*expectant attention*, ont eu un effet pratique important. La malade était souvent prise de douleurs céphaliques et abdominales qui l'empêchaient de dormir, et le sommeil ne venait qu'après une ou deux injections de chlorhydrate de morphine de 1 centigramme. Or il suffit maintenant de l'application de l'aimant pour amener le repos complet.

Dans le but d'apporter un argument de plus en faveur de la théorie électrique contre celle de l'*expectant attention*, M. de Watteville rappelle que, dans certaines circonstances, le système nerveux peut devenir plus sensible aux influences électriques, comme il devient plus sensible à d'autres agents, tels que la lumière, le son, etc.

« L'influence de l'électricité statistique sur l'organisme humain est prouvée par ce fait que beaucoup de personnes d'un tempérament nerveux sont très sensibles aux changements des agents atmosphériques. Le docteur Lombard a démontré que la mortalité et la tension électrique s'élèvent et s'abaissent parallèlement (*Climatologie médicale*, t. I, p. 410). Le professeur Scoutetten, dans son livre intitulé : *De l'électricité dans les eaux minérales*, a donné des raisons pour admettre que les eaux minérales doivent plus leur efficacité à leurs actions électriques qu'à leur composition actuelle. Que le magnétisme terrestre puisse avoir aussi une influence sur notre corps, cela est loin d'être improbable, et le docteur Horn a essayé d'établir quelque rapport entre les formes de certaines maladies et les fluctuations magnétiques (*Ueber Krankheits-Erzeugung durch erdmagnetische Einflüsse*). M. Grandeau a trouvé (*Acad. des sciences*, juillet 1878) et M. Berthelot a confirmé ce fait que les plantes peuvent être arrêtées dans leur développement en disposant autour d'elles quelques fils de fer. Là, au moins, comme chez les chats de Maggiorani, on ne peut invoquer l'influence de l'imagination. » (*Brain*, janvier 1879, p. 561.)

On peut en dire autant des chiens de Schiff et des grenouilles de Vierordt.

M. Debove a publié un fait remarquable d'hémianesthésie saturnine, dans lequel une seule application d'aimant a suffi pour faire disparaître une grande partie des phénomènes morbides.

Le malade était un peintre qui avait eu antérieurement deux attaques de coliques saturnines. Le 1er août, il eut, sur la voie publique, une attaque épileptiforme à la suite de laquelle il fut apporté à l'Hôtel-Dieu, atteint d'hémiplégie avec anesthésie du côté gauche. La contractilité électro-musculaire était diminuée, et, pendant le mois d'août, il eut plusieurs attaques convulsives, avec des périodes de coma et de délire. Son état s'améliora progressivement, et en janvier les seuls symptômes persistants étaient l'amyosthénie et l'anesthésie générale et spéciale du côté gauche. La faradisation avait été essayée maintes fois contre ces phénomènes paralytiques, mais en vain.

Le 12 janvier, on appliqua un aimant en présence des professeurs Charcot et Trélat. Un quart d'heure après, la peau était devenue partout sensible, excepté au nez et à la plante des pieds, où l'anesthésie se montra particulièrement tenace. La muqueuse buccale resta également insensible. L'œil gauche put compter les doigts à 40 centimètres et reconnaître toutes les couleurs.

L'amélioration continua; le sixième jour, le malade pouvait voir les doigts à 60 centimètres, et l'ouïe était normale à gauche.

Deux mois après, l'état général du malade était aussi satisfaisant; mais l'anesthésie de la moitié gauche de la langue et de la conjonctive gauche persistait encore (Hamant, *Thèse de Paris*, 1879, p. 38).

Il s'est passé, dans ce cas, certaines circonstances qui seraient un excellent argument contre la théorie de l'*expectant attention*.

« Nous n'avons pu influencer le malade, dit M. Debove, la guérison ayant eu lieu au moment où nous ne l'attendions guère ; voici, en effet, comment les choses se sont passées : pour répondre aux auteurs qui soutiennent que l'imagination joue le rôle principal, nous résolûmes de faire d'abord une fausse expérience. La main du sujet fut placée entre les deux pôles de l'électro-aimant de Faraday, sans qu'on les mît en communication avec la pile ; au bout d'un quart d'heure, la sensibilité était revenue, à la grande stupéfaction du malade et un peu aussi à la nôtre. Que s'était-il passé ? Les barres de fer doux de l'appareil, qui servaient depuis un certain temps, s'étaient aimantées ; elles attiraient le fer de la façon la plus manifeste, et l'action de l'aimant s'était produite à notre insu. Dira-t-on encore ici que l'imagination de l'opéré et des opérateurs a joué le rôle principal ? » (*Progrès médical*, 8 février 1879, p. 99.)

Pour en finir avec l'*expectant attention*, signalons encore l'opinion de Gradle à ce sujet.

Le docteur Gradle (de Chicago), qui a observé aussi les malades de M. Charcot, n'admet pas non plus qu'on mette en doute la bonne foi de nos compatriotes. « La réputation des observateurs français, dit-il, suffit pour lever tous les doutes [1]. »

A propos de l'explication du rôle de l'électricité dans les phénomènes métalloscopiques, Gradle

---

1. Gradle, *Metalloscopy and Metallotherapy* (*the Journ. of nervous and mental diseases*, octobre 1878, t. III, p. 718).

compare les méthodes employées par Regnard et par Eulenburg, et paraît se prononcer pour ce dernier.

« Regnard, dit-il, a trouvé que le contact d'un métal quelconque avec la peau sèche donne naissance à un courant électrique dont la force pouvait être déterminée par la déviation de l'aiguille d'un galvanomètre. Ce courant est dû au contact; il dépend de la différence dans la tension électrique, d'après le principe de la pile voltaïque sèche, et non pas nécessairement d'une action chimique quelconque. Eulenburg [1] a cependant démontré une erreur commise par Regnard, qui, en se servant d'électrodes polarisables, obtenait ainsi des déviations exagérées de l'aiguille. Eulenburg employa les électrodes impolarisables de Dubois-Reymond (tubes de verre fermés à leur extrémité par un bouchon d'argile ramollie avec une solution à 1 pour 100 de sel commun, et remplis avec une solution saturée de sulfate de zinc dans laquelle plongent des tiges de zinc réunies avec les fils du galvanomètre. Par ce moyen, il obtint de plus petites déviations de l'aiguille, mais confirma les résultats annoncés par Regnard, savoir : un courant est engendré par le contact de la peau avec des plaques métalliques; la force et la direc-

---

1. Eulenburg, *Deutsche med. Woch.*, 22 et 29 juin 1878, p. 15, 327.

tion de ce courant varient suivant le métal employé, mais ne sont pas les mêmes avec le même métal chez tous les sujets.

« Eulenburg attribue cette variation, suivant les individus, à la nature chimique de la sécrétion cutanée, qui est sujette à s'exagérer dans les affections nerveuses. En plaçant entre le métal et la peau un morceau de papier sec, le courant était arrêté; en employant un papier saturé d'une solution de sel, le courant prenait une plus grande intensité. L'or et le platine chimiquement purs furent trouvés presque sans action par Eulenburg et par Regnard, et ils passent également pour n'avoir que peu ou pas d'action thérapeutique. »

Mais tout cela, d'après Gradle, ne donne pas une explication suffisante de la métalloscopie. Il est d'avis que la théorie le plus d'accord avec les faits est celle de Vigouroux, qui veut que la condition essentielle des phénomènes métalloscopiques soit une variation, de degré et de durée différents selon les sujets, de la tension électrique sur un point quelconque de l'organisme (*Gaz. méd. de Paris*, 1878, p. 619).

Quant à la production de ces courants, observée à la suite de l'application de corps non métalliques aussi bien que de corps métalliques, il est probable qu'elle a pour cause les changements de température déterminés sur la peau par le contact de ces corps. C'est ici le lieu de rappeler que les recherches de Dubois-Reymond ont démontré déjà que des courants thermo-électriques pouvaient être produits par des inégalités de température que l'on ne croyait pas généralement capables de posséder cette influence, et que d'autres causes difficiles à découvrir peuvent donner lieu à une action électro-motrice. Chaque corps (ceci est d'expérience journalière), affectant différemment la température cutanée, doit donner naissance à des courants d'intensité variable; c'est ce qui expliquerait la différence des résultats obtenus avec l'or, l'argent, le fer, le cuivre, le bois, l'ivoire, la glace, etc.

Pour Wilks, ni l'action galvanique, ni l'influence mentale ne peuvent expliquer l'effet des métaux dans l'hystérie, et d'ailleurs on ne pourrait, d'après lui, tenter aucune explication avant d'être parfaitement renseigné sur la nature de la force nerveuse.

Dans deux cas d'hystéro-épilepsie, le docteur Thomas Inglis essaya la métalloscopie, mais pas d'une manière suivie, et sans paraître y accorder grande importance. Des disques de cuivre, de fer et d'argent, appliqués sur les parties anesthésiées, déterminèrent, au bout de quelque temps, le retour à la sensibilité seulement dans la partie en contact avec le métal.

Inglis fit encore une expérience intéressante au point de vue du rappel de la sensibilité par une excitation cutanée forte. Un sinapisme fut fixé sur le bras gauche anesthésique et laissé pendant quelques heures; on trouva alors que le membre tout entier était hyperesthésié, tandis que le bras droit, qui auparavant était extrêmement sensible, était devenu presque complètement anesthésique. Ce transfert de la sensibilité dura seulement quelques heures, et le bénéfice local, d'un côté, semblait être acquis au détriment de l'autre (*Edinburgh Med. Journ.*, décembre 1878, p. 527).

Plusieurs travaux ont été publiés en France à ce sujet depuis l'année dernière par divers auteurs, qui ont constaté l'action esthésiogène des vésicatoires et des injections sous-cutanées de pilocarpine (Grasset, Sur l'action esthésiogène du vésicatoire, *Gaz. hebd.*, 1880, p. 8; — id. Note sur quelques particularités de l'action esthésiogène des vésicatoires, *Montpellier médical*, juillet 1880; — id., Retour de la sensibilité générale et spéciale de la sensibilité à la suite d'une infusion de jaborandi, *Journ. de thérapeutique*, 1er janvier 1880, p. 1; — Lannois, De l'action esthésiogène de la pilocarpine, *id.*, 10 avril 1880, p. 241; — Bordier, Du pouvoir esthésiogène du jaborandi, *id.*, 25 avril 1880, p. 293).

M. Grasset a vu dans un cas d'hémianesthésie

d'origine cérébrale la sensibilité revenir, rester plusieurs mois, pour faire place ensuite à l'anesthésie, et cela dans des circonstances dignes de remarque.

Avant de se rétablir d'une manière complète, l'anesthésie est revenue plusieurs fois, transitoirement, dans différentes parties du côté gauche. De là une série d'oscillations qui disparaissaient soit spontanément, soit après une perturbation, et qui devenaient plus longues, plus tenaces, au fur et à mesure qu'on s'éloignait de la première application du vésicatoire.

À côté de son action esthésiogène, le vésicatoire a une action thermogène qui marche en général avec la première, mais qui peut en être indépendante et qui peut se produire seule. On observe cet effet thermique, même à l'état physiologique, en dehors de toute anesthésie antérieure ou concomitante.

La marche de la sensibilité présente des particularités très curieuses quand elle apparaît ou disparaît. D'une manière générale, elle ne procède nullement par territoire nerveux. Elle marche par membres ou segments de membres.

Les faits observés semblent indiquer à ce point de vue cinq grandes régions distinctes dans chaque côté du corps : le membre supérieur et le membre inférieur, la partie postérieure du tronc, la face. Quelques-unes de ces régions peuvent se subdiviser. Ainsi, pour le membre inférieur, ce qui est au-dessus et ce qui est au-dessous du genou; pour le membre supérieur, la moitié périphérique et la moitié centrale de ce membre.

Il y a quelquefois une certaine solidarité entre le membre supérieur et la face.

Au membre supérieur, la sensibilité et l'anesthésie marchent en général de la périphérie vers le centre; il n'en est pas de même au membre inférieur.

Quand le vésicatoire agit, il peut rendre la sensibilité à la périphérie du membre, avant de rendre sensible sa surface d'application, alors même que cette surface d'application est déjà rouge et saigne très facilement.

D'une manière générale, quand un vésicatoire est appliqué sur une des divisions ou sous-divisions de sensibilité établies plus haut, l'effet esthésiogène ne dépasse pas cette division ou cette sous-division. Au bras, le vésicatoire rend la sensibilité à tout le membre supérieur et quelquefois à la face; à la cuisse, il la rend à tout le membre inférieur; au mollet, il ne la rend qu'au segment situé au-dessous du genou.

Ces faits montrent qu'il peut y avoir dans l'hémianesthésie d'origine cérébrale une dissociation symptomatique très remarquable, la sensibilité reparaissant ici et pas là, comme si dans la capsule interne il y avait des fibres distinctes pour chacune de ces grandes zones, fibres qui peuvent être excitées séparément et reprendre individuellement leurs fonctions.

Ces observations paraissent démontrer aussi que l'action esthésiogène n'est pas une action purement périphérique, soit circulatoire, soit nerveuse. Il doit y avoir, par l'intermédiaire des nerfs centripètes, une action sur les centres, quelque chose d'analogue à ce que Vulpian et Grasset ont observé, quand l'électrisation localisée sur un avant-bras rendait la sensibilité dans tout un côté et faisait même reparaître l'acuité visuelle.

En résumé, d'après Grasset, l'action esthésiogène du vésicatoire paraît pouvoir être séparée de l'action locale hyperémiante et rapprochée au contraire de l'action de l'électricité et de la métallothérapie, opinion que n'admet pas Bordier.

Fonctions bilatérales. — Dans sa thèse de doctorat soutenue en 1879 à l'Université de Berlin sur les fonctions bilatérales dans leurs rapports avec la métalloscopie, le Dr Adler donne l'état de la question, rapporte ses propres expériences et résume le tout dans les conclusions suivantes :

« Dans l'hémianesthésie hystérique (deux cas), une simple excitation, comme par exemple celle que produit un sinapisme, détermine, si elle dure assez longtemps, et dans certaines circonstances, une augmentation de la sensibilité de la partie affectée. Cette augmentation peut avoir quelquefois pour seul effet de rappeler la sensibilité perdue, mais elle peut aussi provoquer une telle hyperesthésie que le simple contact soit douloureux.

Ce résultat coïncide souvent, mais non toujours, avec une diminution de la sensibilité dans la région symétrique de l'autre côté. Avec l'application des métaux, on obtient des effets moins constants dans cet ordre d'idées qu'avec les sinapismes. De quatre métaux essayés chez une hémianesthésique, le cuivre seul détermina une augmentation de la sensibilité dans la région où on l'appliqua, augmentation coïncidant, parfois seulement, avec une diminution correspondante dans la partie symétrique du corps.

Chez les individus sains, l'application des métaux donne des résultats très constants; quelquefois la sensibilité est augmentée au point d'application; d'autres fois, elle est diminuée; dans d'autres encore, on n'obtient rien. On ne peut donc rien dire de certain sur l'influence des métaux sur la sensibilité des sujets sains.

J'ai, d'autre part, vu régulièrement et sûrement qu'une simple excitation (sinapisme) augmente la sensibilité au point d'application et diminue celle

du point symétrique de l'autre partie du corps.
D'où il s'ensuit que, lorsque les métaux exercent
une certaine influence sur la sensibilité des hystériques, on peut expliquer ce résultat d'une autre
manière qu'en supposant qu'ils ont une action
spécifique sur la sensibilité.

Le résultat important de mes recherches est ce
fait que, chez les sujets sains, une simple excitation accroît la sensibilité du côté non excité et
diminue celle du côté excité. Il est hors de doute
que ce phénomène appartient aux fonctions dé-
couvertes par Adamkiewicz et qu'il a décrites sous
le nom de *fonctions bilatérales*. Si dans une classe
de ces fonctions (la sécrétion de la sueur) il y
a une action synergique des centres d'organes
symétriques, la sensibilité du corps représente
d'autre part une fonction bilatérale dans laquelle
les ganglions symétriques sont antagonistes l'un
à l'autre dans leurs fonctions. »

Dans l'irritation spinale, Rumpf a trouvé également que les sujets sains présentaient dans leur
sensibilité des phénomènes de transfert; sous l'influence d'agents irritants, il survient une série
d'oscillations entre l'exagération et la diminution
de la sensibilité qui finit par faire place à la sensibilité normale. La persistance plus ou moins prolongée des diverses oscillations dépend essentiel-
lement de la durée de l'irritation qui leur a

donné naissance : plus celle-ci est durable, plus les troubles de la sensibilité se prolongent. (*Berlin. klin. Wochens.*, 1879, p. 533.)

L'application des métaux chez des hystériques en état d'*imminence morbide*, c'est-à-dire n'ayant pas encore eu d'attaque d'hystérie bien caractérisée, a provoqué tantôt de l'anesthésie, tantôt une exagération des phénomènes de la névrose.

Une malade entre dans le service de M. Dumontpallier pour un rhumatisme des genoux. C'était une femme mariée, tranquille, qui n'avait eu qu'une seule attaque d'hystérie, due à une émotion morale vive. Ce cas parut convenir très bien à l'étude de l'idiosyncrasie métallique; mais l'or, l'argent, le fer et le zinc furent essayés successivement, sans résultat. Enfin on essaya le cuivre, qui produisit une anesthésie du membre, passagère, comme c'est ordinairement le cas, mais qui pouvait être *fixée* par l'application de l'un des métaux neutres, comme le fer ou le zinc. Plusieurs expériences furent faites, qui donnèrent les mêmes résultats. Plus tard, on remarqua que les applications répétées donnaient lieu à une céphalalgie persistante et assez intense, et que les accès d'hystérie se manifestaient de plus en plus fréquemment. On cessa les expériences, et la malade revint à son état primitif. (*Brit. Med. Journ.*, 12 octobre 1878. t. II, p. 562.)

M. Aigre rapporte dans sa thèse (p. 35) un autre fait du même genre observé encore dans le service de M. Dumontpallier.

L..., vingt-neuf ans, atteinte d'anémie et de douleurs hypogastriques, n'a jamais eu d'attaques de nerfs, mais est très impressionnable, très emportée, pleure facilement (nervosisme. Organes génitaux internes sains. Traces de rachitisme aux membres inférieurs. Sensibilité intacte sur toute la surface cutanée. Application de quatre plaques d'or sur l'avant-bras droit. Au bout de deux heures, la peau recouverte par les plaques est complètement insensible. On laisse les plaques en place ; le lendemain, l'insensibilité s'était étendue à tout l'avant-bras. On enlève les plaques ; la sensibilité revient peu à peu au bout de quelques heures. Pas de transfert.

On essaye des plaques de fer, puis des plaques d'argent, sans rien obtenir.

Quelques jours après, on applique encore des plaques d'or ; de nouveau, on obtient une anesthésie qui dure tout le temps de l'application, c'est-à-dire deux jours.

Par contre, dans le cas suivant, l'hémianesthésie résista à la métallothérapie *intus et extra,* et finit par disparaître spontanément. Ce fait pourrait donc servir de soutien à la théorie de l'*expectant attention.* Mais c'est à peu près le seul que nous ayons rencontré.

C. B.., hémianesthésique gauche (anesthésie cutanée, surdité, achromatopsie).

Le 22 février, on applique deux *souverains* sur l'avant-bras. En douze minutes, la sensibilité était revenue dans la région lombaire et s'étendit progressivement jusqu'à l'épaule. Les points où la peau avait été piquée saignèrent ensuite abondamment. Quelques indices de transfer. La nuit suivante, céphalalgie intense. Deux *jours* après, on applique le plomb et le fer; quelques résultats peu marqués. Le retour de la sensibilité occupait une zone très limitée et n'eut lieu qu'au bout de trente minutes. Pas de transfert avec les plaques de plomb.

Le 26, on essaya l'or de nouveau; les effets furent plus intenses, mais moins nets que la première fois. On fit alors prendre à la malade 1 centigramme de chlorure d'or et de sodium trois fois par jour. Deux mois après, elle pouvait aller et venir comme elle voulait. La sensibilité spéciale était complètement récupérée; cependant à gauche il restait de l'amyosthénie, et de l'anesthésie dans les pieds et les mains, s'étendant jusque vers le milieu des avant-bras et des jambes (Wilks, *Brit. Med. Journ.*, 20 juillet 1878, t. II, p. 102).

La malade, qui avait quitté l'hôpital, y rentra quelque temps après, mais on ne lui fit aucun traitement. Un jour, elle dit qu'elle allait mieux, et depuis lors son état s'améliora progressivement; elle est rentrée chez elle parfaitement guérie (*id.*, 18 janvier 1879, t. I, page 72).

La métallothérapie interne a été l'objet de deux travaux importants de M. Cartier et de M. Garel (de Lyon).

Ce dernier auteur pense, comme Burq, qu'il faut administrer à l'intérieur le métal qui a agi sur peau, mais il ne croit nullement qu'il soit nécessaire de le faire prendre sous une forme soluble. D'après lui, le métal n'agirait, *intus aut extra*, que par son contact. C'est, dit-il, un phénomène de nature probablement électrique, qui n'a rien de commun avec les effets physiologiques d'un composé chimique correspondant. Aussi donne-t-il le métal sous forme de feuilles, en cachet. M. Garel a vu en outre que « l'administration interne simultanée d'un métal actif et d'un métal inactif ne permet pas le retour de la sensibilité, de même que sur la peau la sensibilité rappelée par un métal actif disparaît lorsque, sur le métal actif, on vient à placer une plaque de métal inactif. » (*Revue mens. de méd. et de chir.*, 1880, t. IV, p. 432.)

M. Garel rapporte deux faits à l'appui de son opinion, et M. Cartier trois cas dans lesquels le rôle de la métallothérapie interne a été très important *Lyon médical*, 1880, t. 33, p. 377, 485, 499).

Quant aux courants électriques, ils ont été employés depuis longtemps, et les travaux de Duchenne (de Boulogne) à ce sujet sont et resteront classiques [1].

M. Briquet a également rappelé tout récemment les résultats de sa pratique [2].

Mais le fait le plus important à cet égard, parce qu'il se rapproche des effets de la métallothérapie,

1. Voir également le mémoire de M. le professeur Vulpian, publié dans le *Bulletin de thérapeutique* des 30 novembre, 15 et 30 décembre 1879, t. XCVII.

2. Briquet, *De la métallothérapie et du traitement des troubles de la sensibilité chez les hystériques par l'électricité* (*Bull. gén. de ther.*, 30 nov. 1880, p. 433).

est celui que M. Vulpian a mis en lumière dès 1875, à savoir que l'on peut, chez un malade atteint d'hémianesthésie produite par une lésion cérébrale, faire disparaître lentement l'insensibilité dans tous les points de la moitié du corps affectée, en électrisant une région très limitée de ce côté à l'aide de courants faradiques d'une assez grande intensité (*Arch. de physiol. norm. et path.*, 1875, t. VII, p. 877).

Depuis, comme nous le verrons dans la suite, M. Vulpian a constaté des résultats analogues dans des cas d'hémianesthésie déterminée soit par une lésion de l'encéphale, soit par des troubles fonctionnels hystériques [1].

Métallothérapie balnéaire. — Nous avons dit plus haut que l'on pouvait fixer l'un des phénomènes métalloscopiques pendant la succession de ces phénomènes, par l'application d'une seconde plaque de métal au-dessus de la première qui les a déterminés. On sait aussi que l'on peut à volonté, et à l'aide d'une simple plaque métallique inactive, prolonger l'action de l'électricité et de l'aimant aussi bien que celle des métaux.

Partant de ce principe, M. Thermes a cherché :

1. Vulpian, *Sur l'influence qu'exerce la faradisation cutanée. portant sur un point limité du tégument dans les cas d'anesthésie dus à des lésions cérébrales, à l'intoxication saturnine, à l'hystérie, au zona* (Bull. gén. de thérap., 30 nov., 15 et 30 décembre 1879, p. 433, 481, 529).

1° à provoquer, à l'aide de la douche froide ou chaude, le phénomène qu'il s'agissait de rendre plus ou moins durable; 2° à le fixer en appliquant, où il se produit, une plaque de métal neutre.

Il est bien arrivé à produire l'anesthésie ou à ramener la sensibilité en une surface du corps par la douche, mais l'application d'un métal neutre n'a pu fixer le phénomène. En employant au contraire le métal actif, le phénomène a été fixé dans la phase où il se trouvait. Ainsi, dans trois cas, M. Thermes a pu prolonger à volonté, à l'aide d'un métal actif, l'action de l'excitant thermique, chaud ou froid, et rendre ainsi plus ou moins durable non seulement la sensibilité générale ou spéciale, mais encore l'anesthésie ou l'amyosthénie (*France médicale*, 22 octobre 1879, p. 675).

M. le docteur Baréty, de Nice, à la suite d'expériences personnelles aux eaux de Lamalou, est arrivé à penser que les eaux minérales naturelles n'agissent sur l'organisme que par une action chimique ou électrique analogue à celle des métaux appliqués sur la peau. Il rappelle que, malgré toutes les recherches faites pour établir la réalité de l'absorption par la peau, dans les bains en général, on n'a pu conclure qu'à une action de contact pour expliquer l'effet de ces bains, sans pouvoir déterminer toutefois en quoi consistait cette action de contact. D'après lui, cette action de contact, non encore expliquée, s'expliquerait par l'action chimique ou électrique qu'il invoque; il ajoute que d'ailleurs les agents capables de provoquer les résultats physiologiques ou thérapeutiques qui découlent de la métallothérapie ne se bornent pas aux métaux, et qu'à ceux déjà connus on pourrait ajouter les bains d'eau minérale [1].

Le professeur Benedikt emploie le galvanisme, ou la métallothérapie appliquée à l'aide de chaînes faites de disques de zinc et placées le long du rachis. Cette pratique lui aurait donné de bons résultats. Il a constaté en outre que les aimants produisaient de bons effets lorsqu'ils étaient appliqués à la région cervicale du rachis ou même sur les membres. Ils peuvent aussi déterminer un état cataleptique, qui est suivi de la cessation des phénomènes pendant plusieurs jours. L'application des mains sur les yeux fermés produit le même effet (*Wiener Med. Presse*, 26 janvier 1879, p. 110).

Signalons encore, comme pièce à consulter dans la question actuelle, la communication faite par M. Ballet au congrès d'Amsterdam, en son nom et en celui de son maître M. Proust, et relative à

---

1. Baréty, *De la métallothérapie balnéaire*, à propos d'une visite aux bains de Lamalou (Hérault). Extrait du numéro 2 du *Nice médical*, quatrième année. — Voir encore : Duhoureau, *Les eaux sulfureuses et la métallothérapie. Extrait des annales d'hydrologie médicale* de Paris, 1881.

l'action des aimants sur quelques troubles nerveux, en particulier sur les anesthésies.

C'est à la suite des premières recherches sur l'influence du magnétisme, faites par M. Charcot à la Salpêtrière, que MM. Proust et Ballet songèrent à leur tour à expérimenter les effets de l'aimant. Leurs recherches ont été faites sur onze malades : huit femmes atteintes d'anesthésie hystérique ; trois hommes, l'un affecté d'hémianesthésie saturnine, l'autre d'anesthésie toxique par le sulfure de carbone, le troisième d'hémianesthésie de cause organique, très vraisemblablement produite par une tumeur cérébrale.

Les résultats les plus intéressants qui découlent des expériences multiples auxquelles ces malades ont donné lieu sont les suivants :

Toutes les hémianesthésies sensitivo-sensorielles traitées par les aimants ont disparu temporairement sous l'influence de ces agents, quelle qu'ait été la cause de l'hémianesthésie (hystérique, toxique, organique). Le nombre, la force des aimants, le temps d'application nécessaire à la disparition de l'anesthésie, varient beaucoup avec les différents sujets. Chez telle malade, l'application d'un aimant pendant quinze ou vingt minutes suffit pour faire réapparaître la sensibilité ; chez telle autre, il est nécessaire d'employer trois ou quatre aimants pendant plusieurs heures (deux heures.

MM. Proust et Ballet ont, en outre, constaté que certaines anesthésies diffuses ou généralisées peuvent, comme les hémianesthésies sensitivo-sensorielles, disparaître sous l'influence de l'aimant. Dans deux cas, l'un d'anesthésie hystérique diffuse, l'autre d'anesthésie généralisée par le sulfure de carbone, ils ont vu réapparaître la sensibilité en appliquant des aimants de chaque côté des malades.

La sensibilité, fait qui n'avait pas encore été signalé, réapparaît dans le côté anesthésié du centre à la périphérie. Quelle que soit, en effet, la partie avec laquelle les aimants sont mis en rapport, c'est toujours par le thorax que la sensibilité revient en premier lieu. D'après ce fait, il semble y avoir une différence marquée entre la manière dont agissent les applications de métaux et celle suivant laquelle procèdent les aimants. Lorsqu'on applique, par exemple, à l'avant-bras, une pièce d'or, c'est au niveau de la pièce d'or que la sensibilité se montre en premier lieu, pour de là envahir une zone plus ou moins étendue. Les métaux semblent agir sur les parties périphériques du système nerveux. Les aimants, au contraire, paraissent porter primitivement leur action sur les organes centraux.

Étudiant le phénomène décrit sous le nom de *transfert*, c'est-à-dire le passage de l'anesthésie d'un côté à l'autre du corps sous l'influence de l'aimant, MM. Proust et Ballet confirment le fait qu'on ne l'observe que chez les hystériques. Chez ces dernières, le transfert n'est d'ailleurs pas constant, quoiqu'il soit de règle de l'observer. D'autre part, les auteurs de la communication ont remarqué qu'il était facile d'empêcher le transfert en appliquant les aimants en regard du côté sensible, en même temps qu'on les met en rapport avec le côté anesthésié. Dans ce cas, l'anesthésie disparaît sans se transporter du côté opposé.

Chez un de leurs malades (tumeur cérébrale), MM. Proust et Ballet ont remarqué un phénomène singulier. Le malade est hémianesthésique à gauche. Si l'on applique des aimants en face de ce côté, la sensibilité reparaît; mais du côté opposé on voit se produire de l'*épilepsie spinale*. Il suffit d'ailleurs, pour faire disparaître cette dernière, de placer les aimants du côté droit.

Quant au temps pendant lequel la sensibilité a persisté après l'application des aimants, il faut noter que, dans tous les cas auxquels ont eu affaire les auteurs, le retour de la sensibilité n'a été que passager, aussi bien dans les anesthésies toxiques et organiques que dans les anesthésies hystériques. Mais, chez deux des malades observés (tumeur cérébrale, intoxication par le sulfure de carbone), la sensibilité a persisté d'autant plus longtemps que le nombre des applications des aimants devenait plus considérable. La durée de la période de sensibilité, qui avait été de quelques heures seulement après la première application chez l'un des malades, a été de quarante jours après la quatrième. Contrairement aux conclusions prématurées tirées des faits antérieurs, les auteurs concluent que, pas plus dans les anesthésies organiques et toxiques que dans les anesthésies hystériques, le retour de la sensibilité n'est fatalement persistant après les applications d'aimant.

MM. Proust et Ballet ont institué une série d'expériences intéressantes et qui ont fait ressortir des faits curieux. Mettant en rapport deux malades (hommes ou femmes) hémianesthésiques, plaçant la main de l'un dans la main de l'autre, et appliquant les aimants au premier, ils ont constaté que, par l'intermédiaire du corps du premier malade agissant comme conducteur, l'action des aimants était transmise jusqu'au second, qui voyait, comme le premier, son anesthésie disparaître. Des expériences variées leur ont d'ailleurs démontré que, dans ce cas, il ne s'agissait pas d'une action à distance des aimants sur le second malade, puisque si l'on met les deux patients à côté l'un de l'autre, dans la même position que précédemment, mais sans que les mains soient en contact, l'action des aimants sur le second malade n'a pas lieu.

Autre fait intéressant : lorsque les sujets choisis pour l'expérience ci-dessus sont deux hystériques, le transfert n'a pas lieu chez la première malade à laquelle on applique les aimants, comme si l'anesthésie, passant d'abord chez la première malade du côté primitivement insensible au côté sensible, passait ensuite chez la seconde, grâce au contact des mains.

On voit, d'après ces faits, que loin d'être un agent inerte, sans action sur l'organisme, l'aimant possède des propriétés puissantes au même titre que les métaux et que l'électricité. D'ailleurs, MM. Proust et Ballet ont remarqué que ce n'est pas impunément qu'on applique les aimants à un malade. Les trois hommes sur lesquels ils ont expérimenté se sont constamment plaints, chaque fois que l'application des aimants a été quelque peu prolongée, de douleurs très vives au niveau de l'épigastre et de la partie antérieure du thorax. Ces douleurs, qui rendent l'inspiration très pénible, s'accompagnent de dyspepsie avec boulimie. Peu marqués chez les femmes observées, ces phénomènes se sont montrés très intenses chez les hommes en expérience, et la souffrance éprouvée par les malades, soit immédiatement après la séance d'aimantation, soit dans les heures ou dans les premiers jours qui ont suivi, s'est montrée telle qu'il était difficile d'obtenir des patients qu'ils se soumissent à une expérience un peu prolongée *Gaz. hebd. de méd. et de chir.*, 19 septembre 1879, p. 603).

Hypnotisme. — Enfin, nous devons dire ici quelques mots de l'application de l'hypnotisme à l'étude des phénomènes de l'hystérie, sujet qui est encore en ce moment à l'ordre du jour à la Salpêtrière.

Après avoir hypnotisé des hystériques, la contracture permanente provoquée est tellement énergique qu'il est impossible de la vaincre par la force; une simple malaxation des muscles antagonistes suffit au contraire pour la faire cesser aussitôt.

Si l'on réveille la malade pendant la contracture, il peut se présenter trois cas : 1° la contracture disparaît; 2° elle persiste; 3° elle ne persiste qu'autant qu'on a rendu la malade cataleptique, en lui ouvrant les paupières avant de la réveiller. Lorsque la contracture persiste après le réveil, elle présente la plus grande analogie avec la contracture hystérique; pour la faire cesser, il faut rendormir la malade et agir sur les muscles antagonistes. Lorsqu'on applique un aimant sur les muscles contracturés, on observe une exagération de la contracture; si l'aimant est placé sur la région symétrique du côté opposé du corps, on produit la contracture de cette région et on fait cesser la contracture primitive. Il faut également rendormir la malade pour faire disparaître la contracture transférée.

L'anémie d'un membre au moyen de l'appareil d'Esmarch empêche la contracture de se manifester quand on touche un muscle; mais, dès que le sang est rendu au membre, la contracture se produit sans qu'il soit nécessaire de toucher de nouveau au muscle. On peut, par l'application d'un aimant sur le membre du côté opposé, transférer de ce côté la contracture latente qui ne s'était pas manifestée dans le membre anémié.

Toutes ces expériences plaident en faveur de la nature réflexe de l'hyperexcitabilité neuro-musculaire. (Charcot et Richer, *Soc. de biologie*, séance du 2 avril 1881.)

RÉSULTATS PRATIQUES

Les premières applications de la métallothérapie furent faites par M. Burq à la cure des paralysies de la sensibilité, comme nous l'avons dit au début de cette étude.

Les résultats qu'il avait obtenus n'étaient pas encore publiés lorsqu'éclata la grande épidémie de choléra en 1849. M. Burq eut alors l'idée « d'appliquer les métaux au traitement des crampes.

Les armatures réussirent de suite si bien, dit-il, sur les premiers cholériques reçus à l'hôpital Cochin, que, sans perdre un moment, j'en fis construire par la maison Charrière un certain nombre, et de nuit comme de jour, pendant toute la durée de l'épidémie, je m'en allai, mon service une fois fait, montrer à les appliquer au Val-de-Grâce d'abord, dans les salles de Michel Lévy, puis à l'Hôtel-Dieu, dans celles de Rostan. Les effets de ces appareils, dans les trois hôpitaux susnommés, furent des meilleurs, comme partout où l'on sut faire usage des mêmes appareils, ou de leur équivalent, à Biesles, à Nogent, etc., dans la Haute-Marne, par exemple, où, suivant les rapports officiels de MM. Durand et Defaucomberge, qui y avaient été envoyés en mission, les habitants, en grande partie occupés de coutellerie, en improvisèrent avec des bandes de cuivre ou de maillechort qu'ils ont toujours en certaine quantité pour les besoins de leur industrie. » (*Gaz. méd. de Paris*, 1877, p. 66.)

Cet emploi si satisfaisant des armatures métalliques dans le traitement du choléra attira plus tard l'attention de M. Burq sur un autre ordre d'idées et lui fit rechercher dans quelles proportions cette affection sévissait sur les tourneurs de cuivre. On sait qu'il trouva très peu de cas de choléra parmi les personnes exerçant cette profession.

Tout récemment, M. Burq est encore revenu sur ce sujet dans une note intitulée : De l'antisepticité du cuivre dans la fièvre typhoïde et dans le choléra (*Bull. Acad. de méd.*, 1880, t. IX, p. 239).

Dès le début de ses essais, et presque empiriquement, M. Burq appliqua les plaques métalliques sur un jeune enfant atteint de méningite et abandonné par tous les médecins, M. le professeur Hardy entre autres. Ne sachant plus que faire, M. Burq le couvrit d'armatures moitié en fer, moitié en cuivre. Que se passa-t-il? On ne sait. Mais cinq ou six jours après l'enfant était hors de danger, et la guérison parfaite au bout d'un mois. (*Gaz. méd. de Paris*, 1877, p. 67.)

Nous avons cité ces quelques faits pour montrer ce qu'était la métaliothérapie à ses débuts entre les mains du médecin consciencieux qui a consacré toute son existence à son perfectionnement; nous rappellerons encore que, depuis cette époque, on trouve des traces des recherches de M. Burq dans un grand nombre de journaux de médecine [1], et nous arrivons à la période actuelle.

Avant d'entrer dans la narration des faits observés, nous devons faire quelques remarques préliminaires.

Les premiers cas ont été traités uniquement par les métaux soit appliqués sur les téguments, soit

1. Voir *Gaz. des hôpit.*, 1878, p. 361.

administrés à l'intérieur. Mais, dès que les rapports qui existent entre l'action des métaux et ceux de l'électricité furent connus, l'emploi des aimants fut combiné à celui de la métallothérapie dans certains cas, ou même le remplaça complétement dans d'autres. Aussi les cas de la première espèce sont-ils relativement rares, tandis que ceux de la seconde sont en majorité. Le mode d'action des différents agents, métaux ou électricité, étant d'ailleurs le même, nous avons cru pouvoir réunir ensemble les faits que nous avons trouvés dans la littérature médicale, en les divisant seulement d'après la nature de l'affection dont on poursuivait la cure.

Hystérie simple. — Les observations de ce genre sont les plus nombreuses. Nous en rapporterons seulement quelques-unes :

Obs. I. — A...., vingt-neuf ans, ovarique gauche ; hémianesthésie gauche, affaiblissement très notable des organes des sens et de la force musculaire du même côté. Application de plaques d'or, retour de la sensibilité ; anesthésie de transfert à droite ; les jours suivants, injections sous-cutanées de chlorure d'or. Au bout de quinze jours, guérison qui persistait encore trois semaines après. (Douglas Aigre, thèse de Paris, 1879, p. 28.)

Obs. II. — P..., vingt ans, hystérique ; hémianesthésie gauche, sensibilité à l'or, guérison par l'application des plaques pendant une semaine. (*Id.*, p. 29.)

Obs. III. — D..., vingt et un ans, hystérique ; anesthésie complète du membre supérieur gauche, avec achromatopsie du même côté. Sensibilité à l'or. Disparition de l'anesthésie cutanée par l'application de plaques d'or sur l'avant-bras malade, et de l'achromatopsie par l'application des mêmes plaques sur le front. Guérison constatée plusieurs mois après. (*Id.*, p. 31.)

En 1878, M. le docteur Coriveaud a communiqué à la Société de médecine et de chirurgie de Bordeaux l'histoire d'une malade qui, atteinte une première fois d'anesthésie générale et de parésie musculaire, avec point douloureux dans certaines régions, fut guérie par l'emploi de divers moyens, entre autres les douches et les courants intermittents.

Obs. IV. — Une seconde attaque du même genre reparut deux ans après : parésie musculaire, douleurs de tête, du dos, des lombes, etc. ; mais cette fois l'anesthésie était nettement localisée dans la moitié gauche du corps. L'application d'une montre en or, préalablement mouillée d'eau salée, ayant ramené la sensibilité, la malade fut mise au traitement par les pilules de chlorure d'or et de sodium, de 2 centigrammes et demi chacune, à prendre deux fois par jour.

Le lendemain, elle allait mieux ; le surlendemain, elle put rester levée une partie de la journée, et cinq jours après le commencement du traitement elle pouvait se livrer à ses occupations habituelles. Depuis, le mieux s'est toujours maintenu sans interruption sérieuse. (*Mém. et Bull. de la Soc. de méd. et de chirur. de Bordeaux*, 1878, 1er et 2e fascicules, p. 137.

Dans la discussion soulevée par cette communication, M. le docteur Vergely rapporta un cas d'insuccès de la métallothérapie qu'il importe de signaler, parce que l'application qui en a été faite nous semble tout à fait incomplète.

Obs. V. — Une jeune dame un peu nerveuse, mais qui n'avait jamais présenté les phénomènes sérieux de l'hystérie, perdit son mari de mort subite. Cette mort l'affecta beaucoup, et elle devint peu à peu paraplégique. Le mal débuta par des douleurs dans les sciatiques; les jambes s'engourdirent, devinrent insensibles à la douleur. Bref, c'était une paraplégie qui s'établissait graduellement et menaçait de devenir complète. J'essayai sans succès toute sorte de traitements, et enfin j'arrivai à la métallothérapie.

J'appliquai des plaques d'or sur les jambes, la malade fut insensible à l'or; j'essayai le cuivre et le fer, et ici j'eus un résultat, mais contraire à celui que j'espérais. Chaque fois qu'on appliquait sur les jambes de la malade des sortes de jambières en fer et en cuivre que j'avais fait faire, c'étaient des douleurs atroces dans les sciatiques, surtout dans celui du côté gauche, et je fus obligé d'y renoncer. L'électrisation par les courants continus, depuis 4 couples jusqu'à 22, ne donna aussi comme résultat qu'une aggravation dans les douleurs.

L'état de la malade s'améliora considérablement sous l'influence de la strychnine, mais cet état empire dès qu'on suspend le médicament. (*Eod. loc.*, p. 148.)

« Dans ce cas, ajoute M. Vergely, la métallothérapie n'a fait qu'aggraver les accidents. » On peut se demander pourquoi M. Vergely a cru devoir employer un des procédés exceptionnels de la méthode. On n'a, en effet, que rarement recours aux jambières, et, dans le cas particulier, l'application d'un corps froid sur toute l'étendue des deux jambes peut n'avoir pas été sans influence sur l'aggravation des douleurs, sans qu'il soit nécessaire d'invoquer, pour comprendre cette aggravation, une action particulière des métaux.

D'autre part, on ne peut évidemment, d'après cette seule manière d'employer la métallothérapie, conclure à son action impuissante ou nuisible sur la paraplégie; on n'a essayé que l'or, le cuivre et le fer; mais la malade était peut-être sensible à l'argent, au platine, au zinc ou à tout autre métal que les trois à l'aide desquels on a expérimenté; on aurait dû aussi, avant de se prononcer, essayer les bracelets au lieu des jambières, les aimants après les courants continus, ou l'électricité statique, qui a si bien réussi dans des cas graves, comme nous le verrons dans la suite. Sans doute, comme l'a dit M. Segay dans cette discussion, la métallothérapie n'est pas plus un spécifique que ne l'ont été tant d'autres moyens; mais il faut éviter de tomber dans l'excès contraire, et conclure à son impuissance par suite d'essais insuffisants.

Obs. VI. — *Anesthésie générale; sensibilité à l'or et à l'argent; guérison par l'emploi des deux métaux.* — M..., dix-sept ans, amblyopie hystérique double sans accès convulsifs : analgésie et anesthésie de toute la moitié droite et plus tard de l'autre moitié du corps : dyschromatopsie ; insuffisance des droits internes. Métalloscopie, sensibilité de la malade à l'or.

M. Charcot institue le traitement suivant au commencement de décembre 1877 : 1° à l'intérieur, 15 gouttes de chlorure d'or, à doses progressives de 2 gouttes par jour, jusqu'à 45 gouttes ; 2° application sur l'avant-bras droit d'un bracelet d'or et de trois pièces d'or sur le front ; mais la malade ne pouvait supporter le bracelet pendant le jour, cette application lui donnant de la somnolence ; la nuit, cauchemars qui cessaient dès que le bracelet était enlevé.

Ce double traitement fut continué pendant trois mois, au bout desquels la malade recouvra d'une façon définitive la perception des couleurs, tandis que l'acuité visuelle continuait à diminuer sans lésion ophthalmoscopique appréciable. Alors le bracelet d'or fut remplacé par des plaques d'argent appliquées sur l'avant-bras droit ; en même temps, la dose des gouttes fut diminuée à raison de 2 par jour, jusqu'à 10, dose qui a été maintenue jusqu'au mois d'août 1878.

La sensibilité du côté gauche du corps était revenue au bout de très peu de temps, tandis que ce n'est que vers le milieu de mai, à la suite d'applications pendant quinze jours de plaques d'argent sur le front, que la sensibilité revint du côté droit ; la surdité disparut à son tour, et l'odorat, quoique plus rebelle que l'ouïe et moins puissant qu'à gauche, reparut en même temps. D'un autre côté, la vue s'est améliorée très sensiblement et les symptômes de guérison s'affirment de plus en plus. (Ficuzal, *Progrès médical*, 4 janvier 1879, p. 3.)

La guérison paraît être devenue définitive, car **M.** Burq a constaté plus tard que les phénomènes d'hystérie avaient disparu, et que l'application soit de l'or, soit de l'argent, soit d'un courant hélicoïde resté en place pendant trente-cinq minutes, ne produisait plus sur la malade ni l'anesthésie ni l'amyosthénie de retour. (Burq, *Gaz. méd. de Paris*, 1878, p. 613.)

Ce cas est un bel exemple du polymétallisme de certaines malades. Ici, M... était sensible à l'or et à l'argent, mais l'argent était la caractéristique véritable de l'idiosyncrasie ; c'est pourquoi l'emploi de l'or fut inefficace, tandis que celui de l'argent *intus et extra* finit par amener la cessation des accidents.

Obs. VII. — *Crampe des écrivains ; sensibilité à l'or ; guérison par ce métal employé* intus et extra. — Le père de la malade qui fait l'objet de l'observation précédente fut pris, quelque temps après, de *crampe des écrivains*. Depuis longtemps déjà, cet homme, qui est comptable, avait beaucoup de peine pour écrire. Cependant, avec de la volonté, des électrisations répétées et de petits procédés pour mieux tenir sa plume, il put encore continuer à exercer sa profession ; mais, en septembre 1878, il fut obligé de quitter sa place.

Au bout de trois semaines de traitement par les aimants, l'état restant le même, le malade eut recours à la métallothérapie. Il prit matin et soir, dans un peu d'eau, 4 à 5 gouttes d'une solution de chlorure d'or à 1 pour 20 ; il s'appliqua ensuite sur le bras droit quelques pièces d'or cousues sur un ruban, qu'il garda ensuite jour et nuit.

Après un mois de ce traitement, son état s'était tellement amélioré, qu'il put entrer dans une maison de banque, où il tient la plume depuis huit heures du matin jusqu'à sept heures du soir. (Burq, *Gaz. des hôp.*, 2 septembre 1879, p. 805.)

Le docteur Abadie est d'avis que l'amblyopie est souvent hystérique et qu'elle s'accompagne alors d'un léger degré d'anesthésie dont la malade n'a pas conscience. La kopiopie de Forster est caractérisée par de la photophobie, une douleur péri-orbitaire, de la céphalalgie pendant la lecture, des sensations douloureuses dans les paupières et la conjonctive, et dépend soit d'une altération de l'utérus, soit de l'hystérie pure. Dans ces troubles oculaires, l'application des métaux a une certaine importance [1]. L'auteur rapporte à ce sujet le cas suivant.

OBS. VIII. — Mlle L..., vingt-cinq ans, se plaint de symptômes kopiopiques tous les matins; les paupières sont bouffies. Les ferrugineux, l'hydrothérapie, les bromures, la quinine ont été essayés en vain. Des plaquettes d'or sont appliquées sur les tempes pendant la nuit, et on administre du chlorure d'or à l'intérieur pendant un mois. Aucun résultat ne suivit cette médication. On employa alors les plaques de cuivre; après la première nuit, il y eut une certaine amélioration : la bouffissure n'avait pas reparu. Au bout de onze jours, la malade pouvait lire pendant une heure. En un mois elle se pensa guérie et cessa le

1. On trouvera encore d'autres renseignements sur ce point dans la thèse de doctorat de M. Baron, *Etude clinique sur les troubles de la vue chez les hystériques et les hystéro-épileptiques.* Paris, 1878.

traitement. Mais tous les accidents reparurent bientôt, et on recommença les applications de plaques de cuivre, puis des plaques de cuivre et de zinc superposées. Les accidents cessèrent et n'ont pas reparu depuis. (*Progrès médical*, 1878, n° 28, p. 535.)

Rappelons encore l'observation communiquée par M. Dujardin-Beaumetz à la Société médicale des hôpitaux dans la séance du 25 avril dernier.

Obs. IX. — *Anesthésie générale et cécité ; sensibilité à l'or ; amélioration partielle seulement par la médication aurique ; guérison par l'électricité statique.* — La malade, âgée de seize ans, n'avait jamais présenté le moindre signe d'hystérie et était parfaitement réglée. Une nuit elle se plaignit de mal de tête, et le lendemain on la trouva complètement aveugle et insensible sur tout le corps. Sans l'avertir de ce qu'on allait faire, le docteur Abadie appliqua trois pièces d'or sur la tempe gauche. Sous leur influence, il y eut un léger retour de la vue dans l'œil gauche, l'acuité visuelle étant égale à 1 dixième. Le lendemain, on appliqua un aimant sur les deux tempes, mais la céphalalgie intense qu'il produisit empêcha qu'on le laissât longtemps en place ; la vision revint encore un peu. Les applications d'aimant furent répétées deux ou trois jours, mais elles déterminèrent un état de léthargie qui les fit abandonner.

L'or fut ensuite employé *intus et extra* ; on essaya successivement d'autres métaux, mais sans effet bien marqué ; l'acuité visuelle des deux yeux était 2-5 ; légère diminution de l'anesthésie.

On eut alors recours à l'électricité statique. Après la première séance, d'un quart d'heure, la malade pouvait lire, et bientôt la sensibilité générale et spéciale fut complète-

ment rétablie. Il resta cependant une certaine tendance au
sommeil, et de temps en temps des accès de léthargie.
(Voir *Bull. de Thér.*, 30 mai 1879, p. 472.)

M. Dreschfeld rapporte le cas suivant, dans lequel la faradisation ramena en peu de temps la
sensibilité à son état normal.

Obs. X. — Femme de vingt-huit ans, vision normale des
deux côtés; surdité complète à gauche, audition normale
à droite; anosmie à gauche, pas à droite; pas d'anesthésie
du goût, de la face et du cou. Anesthésie du côté gauche du
tronc et du membre inférieur droit; sensibilité normale aux
membres supérieurs et au membre inférieur gauche. Perte
du sens musculaire et thermique dans les régions anesthésiées. La faradisation est pratiquée au moyen du courant
de moyenne intensité. On ne dit pas le nombre des séances,
mais au bout d'un mois la sensibilité du tronc et du membre
inférieur était récupérée, et il ne restait qu'un peu de surdité et d'anosmie.

Fait digne de remarque : la malade allaitait pendant
l'anesthésie, et la lactation était aussi abondante du côté
malade que du côté sain. (*Brit. med. jour.*, 12 octobre 1878,
p. 553.)

Rosenthal a publié aussi des cas intéressants
de troubles oculaires hystériques dans lesquels on
a fait de curieuses expériences avec les aimants
(*Wiener Med. Presse*, 1879, p. 569).

Dans l'observation suivante, la métallothérapie
et l'électricité n'ont réussi que momentanément,
et l'amélioration obtenue a presque entièrement

disparu. La malade, il est vrai, perdit patience et quitta trop tôt l'hôpital.

Obs. XI. *Hémianesthésie avec points d'hyperesthésie; sensibilité à l'or; amélioration temporaire et partielle; insuccès définitif.* — Le docteur Cokle, médecin du Royal Free Hospital, a publié l'histoire d'une malade atteinte d'hémianesthésie hystérique, avec des zones d'hyperesthésie dans la région rachidienne. A son entrée à l'hôpital, elle était dans un état de rigidité pseudo-cataleptique, avec rétention d'urine, parésie des jambes, hémianesthésie générale et spéciale à gauche.

Le bromure de potassium, la teinture de valériane, l'extrait de belladone, amenèrent une diminution de la sensibilité rachidienne; la force revint un peu dans les jambes, mais l'hémianesthésie persista. Des plaques de cuivre, de zinc, de fer et de plomb furent appliquées inutilement sur le bras gauche. Un bracelet de pièces d'or placé sur le bras et recouvert d'une bande ramena un peu de sensibilité. L'anesthésie reparut ensuite. Deux autres séances produisirent le même résultat, mais le retour de la sensibilité n'atteignit jamais la jambe. L'application du courant continu produisit les mêmes effets, qui furent de plus en plus marqués dans les séances suivantes. Au bout d'une vingtaine de séances, la sensibilité générale et spéciale s'était fort améliorée, même dans la jambe; la malade pouvait marcher. On suspendit la faradisation pendant quinze jours. L'hémianesthésie se reproduisit telle qu'avant le traitement, sauf un peu moins dans les organes des sens. La malade quitta alors l'hôpital sur sa demande. (*Brit. Med. Journ.*, 26 avril 1879, p. 626.)

Obs. XII. — M. Vulpian a rapporté un cas dans lequel la faradisation bornée à une région limitée de la peau d'un des avant-bras, puis des deux avant-bras, a été essayée avec succès. Les symptômes présentés par la malade entre les attaques hystériques étaient de la rachialgie, des métrorrhagies assez rebelles et une anesthésie de toute l'étendue du corps, à l'exception de la face, et des organes de la vue, de l'odorat, de l'ouïe et du goût. On avait obtenu une amélioration considérable de ces phénomènes, lorsqu'on dut renvoyer la malade du service par mesure disciplinaire. (*Bull. gén. de thér.*, 30 décembre 1879, p. 529.)

L'observation suivante est la seule de ce genre que nous ayons trouvée; il s'agit d'une paraplégie qui a guéri facilement par l'application des métaux, sans transfert.

Obs. XIII. — Femme de vingt-six ans. Paraplégie très marquée, sans contracture, avec paralysie totale de la sensibilité générale et spéciale dans la moitié sous-ombilicale du corps. Pas de troubles du côté de la vessie et du rectum, pas d'altérations trophiques. Sensibilité intacte au tronc et aux membres supérieurs. On attribue ces accidents à l'hystérie.

Bracelet de pièces de cuivre au-dessus du genou droit. Retour de la sensibilité et de la motilité dans le membre droit seul.

Le lendemain, application du bracelet de cuivre à gauche, et, à 2 centimètres au-dessus, d'un bracelet de zinc. Pas de résultat, non plus qu'en mettant des plaques d'étain, de fer, d'argent et d'acier à la place du zinc.

Le lendemain, on applique des plaques de liège, de zinc; puis au-dessus, un bracelet de plaques de cuivre; au bout de seize minutes, retour de la sensibilité et de la motilité, sans transfert.

6

La malade quitta l'hôpital guérie au bout de huit jours. Jusqu'alors, la guérison ne s'est pas démentie. (Müller, *Berl. klin. Woch.*, 21 juillet 1879, p. 156.)

Jusqu'alors, sauf à propos d'un cas de *crampe des écrivains* (obs. VII), nous n'avons guère parlé que des applications de la métallothérapie aux paralysies. M. Vigouroux a rapporté dans le *Progrès médical* un cas dans lequel les aimants ont été utilisés dans le traitement d'une contracture des plus rebelles.

Obs. XIV. — Il s'agissait d'une hystérique, atteinte d'une contracture intense des fléchisseurs (avec anesthésie) du bras gauche. On avait dû mettre un coussin dans la main fermée, pour empêcher les ongles de s'enfoncer dans les chairs. L'application de métaux, de solénoïdes, d'aimants, de courants électriques, induits et constants, était restée constamment sans effet; mais on remarqua qu'un solénoïde, placé sur le bras droit, le rendait analgésique et froid.

Le 12 juin, on applique un aimant sur le dos de la main droite; l'analgésie et la sensation de froid s'étendent à la main; flexion marquée des doigts. Au bout d'une heure, la main gauche pouvait être ouverte avec moins de force. Température du bras droit, 27°,6; du gauche, 30°,4. La contraction de la main droite et des ongles devient plus intense; elle cesse par la faradisation des extenseurs.

Le 15, application d'un aimant sur les fléchisseurs du bras droit; les mêmes phénomènes surviennent, la contraction produite ne cède pas entièrement à la faradisation.

Le 17, la main droite est encore faible. On n'applique pas d'aimant. On faradise les extenseurs du bras gauche. La sensibilité est revenue dans le pouce gauche.

Le 18, application d'un aimant sur le bras droit, qui reste analgésique et faible, malgré la faradisation. Faradisation des extenseurs gauches; retour de la sensibilité dans le petit doigt. La contracture diminue.

Le 21, le bras gauche a recouvré la sensibilité en certains points; l'aimant ne produit plus de froid, mais une hyperhémie du bras droit. On continue le traitement jusqu'au 4 juillet, où l'aimant est appliqué aux deux bras, qui restent contractés jusqu'au soir. Le gauche reprend alors l'état qu'il avait avant la séance; le droit reste très faible.

Les 11 et 12, on applique l'aimant aux deux bras. Une séance d'électricité statique par l'emploi de l'aigrette déterminée par l'approche d'une pointe métallique rend la flexibilité et la sensibilité aux régions encore anesthésiques du bras gauche. Mouvements volontaires du pouce.

Le 23, des mouvements volontaires, mais lents, deviennent possibles dans les doigts et le poignet gauches. Le bras droit est encore faible.

Une pleuro-pneumonie vint à cette époque interrompre le traitement. On se borna à s'assurer dans le cours de l'affection aiguë que l'aimant possédait toujours sa propriété contracturante et paralysante, tant sur le côté sain que sur l'autre.

Lorsque, au commencement de septembre, on put recommencer des séances régulières, les faibles mouvements des doigts et du poignet, qui existaient au moment de l'interruption du traitement, avaient complètement disparu. Le membre était souple, mais tout à fait paralysé. La sensibilité était seulement diminuée.

Le traitement consista exclusivement dans l'électrisation

statique; sous son influence, l'amélioration fut rapide, le mouvement des doigts fut rétabli dès la première séance : au commencement d'octobre, il y avait des mouvements étendus de la main et de l'avant-bras ; en décembre, la malade pouvait élever la main au-dessus de la tête ; en janvier, elle se servait de sa main comme avant d'être malade ; cependant l'ovarie persistait, et on pouvait reproduire à volonté la contracture et la paralysie. Le traitement est suspendu le 20 janvier. Le 8 février, on constate l'absence de l'hyperesthésie ovarienne et de tout autre symptôme hystérique ; la force musculaire, la sensibilité et la menstruation sont normales ; deux applications d'aimant, de vingt minutes chacune, faites successivement sur les avant-bras, ne donnent lieu à aucune apparence d'anesthésie ou de contracture. On peut donc croire maintenant à une guérison complète. (Vigouroux, *Progrès médical*, 1878, nos 35, 36 et 39, et 1879, no 8.)

« Comme le remarqua M. Charcot, dit M. de Watteville, il y avait dans ce cas une prédisposition à la contracture. L'application d'aimants ne produit des phénomènes semblables que dans les cas où il y a prédisposition. Il y a une corrélation curieuse entre le transfert de l'anesthésie et le transfert de la contracture ; le mécanisme des deux est probablement le même. On a vu que, dans ce cas, les moyens les plus divers appliqués au membre malade n'ont pas produit le plus petit résultat ; comme règle, il vaudrait mieux agir sur le côté sain, dans un but aussi bien de diagnostic que de thérapeutique.

« Il n'y a pas eu ici de transfert de sensibilité, preuve que ce phénomène n'est pas constant chez les hystériques. D'autre part, un cas d'hémianesthésie par suite de lésion cérébrale syphilitique présenta ce phénomène en même temps qu'une guérison progressive, au lieu de celle qui survient immédiatement en général dans les affections organiques. Il y eut, par la même occasion, amélioration de l'hémiplégie concomitante et de l'athétose.

« Il faut remarquer encore que le transfert peut se manifester séparément pour : *a*. la sensibilité ; *b*. la force musculaire ; *c*. la tonicité vasculaire ; *d*. la température. Quelle que fût la position de l'aimant, la contracture des fléchisseurs se produisit toujours. A la jambe, elle avait lieu dans les péroniers ou dans les muscles fléchisseurs, suivant la position. Les courants galvaniques déterminèrent les mêmes effets que les aimants, ainsi que le courant unipolaire d'une batterie de 80 éléments Daniell-Trouvé. En chargeant la malade d'électricité statique, ou en agissant sur les fléchisseurs au moyen d'étincelles suffisantes pour produire de simples contractions, on ne put causer la contracture que déterminait l'aigrette d'électricité statique [1] dirigée sur les mêmes muscles. (Ceci

---

1. L'électricité statique, ses appareils et ses applications médicales ont été l'objet d'une conférence très intéressante de M. Charcot, résumée dans la *Revue de médecine*, février 1881, p. 117.

montre clairement que ce qui convient pour les applications électriques est non pas un courant ni des interruptions, mais simplement des agents agissant différemment et localement.) La glace employée localement produit la contracture. De nombreuses expériences ont montré que des corps sonores, vibrants, appliqués sur le bras de malades hystériques, agissent comme des métaux, des aimants, etc. Dans le cas actuel, on employa un grand diapason fixé sur une caisse de 1 m. 20 de large et de 40 centimètres de long. Lorsque la main de la malade reposait sur la caisse, la contracture se produisait, mais non si la malade était placée tout entière sur cette caisse.

« D'autres expériences contradictoires furent faites : l'application du point neutre des aimants, de métaux simples, les insufflations avec un pulvérisateur (imitant la sensation de l'aigrette), tout fut sans effet.

« Ce qui ressort de tout ceci, au point de vue pratique, c'est : 1° la possibilité de produire une contracture artificielle ; 2° les bons effets des mêmes moyens employés sur la contracture primitive. Quelles que soient les considérations théoriques qui en puissent découler, ces résultats sont importants, au point de vue thérapeutique, en ce qu'ils permettent d'espérer jusqu'à un certain point la guérison d'une manifestation de l'hystérie, sur laquelle les autres moyens n'avaient guère de prise. » (De Watteville, in *Brain*, janvier 1879, p. 557.)

Déjà, en 1869, M. Burq avait observé dans le service de M. Verneuil, à l'hôpital Lariboisière, une hystérique atteinte d'anesthésie générale, amyosthénie, aménorrhée, chlorose, coxalgie et pied-bot varus par contractures musculaires, et qui, sensible à l'or, vit tous ses accidents disparaître à la suite de l'administration assez prolongée du chlorure d'or à l'intérieur. (Burq, La métallothérapie à l'hôpital Lariboisière, *Gaz. méd. de Paris*, 1877, p. 429.)

M. le docteur Ringrose Atkins a rapporté aussi un cas de coxalgie hystérique suivie d'hémianesthésie, recueilli dans les salles du docteur Connolly, à Waterford Union Hospital.

Obs. XV. — *Contractures multiples; hémianesthésie; sensibilité au zinc; applications externes de ce métal; guérison.* — La malade, fille de dix-huit ans, avait pendant plusieurs années souffert d'irrégularités menstruelles et de phénomènes hystériques d'un caractère exagéré. Dans la première partie de cette année, elle fut prise de douleurs dans la hanche et le genou gauches, simulant la coxalgie; plus tard, ces symptômes firent place à des mouvements spasmodiques de tout le corps, mais surtout des membres gauches; ces accès survenaient spontanément, mais ils étaient immédiatement provoqués par une pression légère sur la hanche, le genou et la région ovariques gauches.

Sous l'influence du traitement par le bromure de potassium, l'extrait liquide d'ergot et le galvanisme, ces accès disparurent et la malade quitta l'hôpital ; mais bientôt après elle dut y rentrer, les douleurs étant revenues dès qu'elle essaya de reprendre son travail.

Il survint alors des spasmes du diaphragme, et bientôt après tout le côté gauche du corps devint entièrement anesthésique et analgésique, la jambe gauche paralysée du mouvement et le bras gauche en partie. Les sens de l'ouïe, du goût et de l'odorat étaient perdus à gauche ; il n'y avait pas d'achromatopsie, au moins pour les couleurs brillantes, et pas d'interférence avec la lumière.

Dans ces conditions, on fixa quatre disques de zinc autour du poignet gauche et une bande de cuivre autour du coude. Le premier effet apparent fut de rendre le bras plus impuissant et rigide ; au bout de quelques heures cependant, cet état disparut entièrement, et la force motrice, ainsi que la sensibilité, revint dans l'avant-bras. On mit alors des disques de zinc autour du coude, ceux du poignet restant en place. Le lendemain, la sensibilité existait sur les deux membres et tout le corps, à l'exception de la nuque et de l'oreille gauche ; il n'y eut ni transfert de l'anesthésie, ni retour de la sensibilité spéciale. Alors on appliqua des disques de zinc sur la nuque et l'oreille, ceux des membres étant enlevés ; la force musculaire était alors revenue en grande partie dans la jambe gauche, de sorte que la malade pouvait marcher avec un aide.

Depuis ce moment, la sensibilité augmenta rapidement, ainsi que la force musculaire du bras et de la jambe ; le goût et l'odorat redevinrent normaux, et l'ouïe s'améliora ; une semaine après la première application des disques métalliques, la malade était guérie, et la guérison s'est maintenue depuis. (*Brit. Med. Journ.*, 6 septembre 1879, p. 373, et 15 novembre, p. 768.)

Dans la séance de la Société de biologie du 18 janvier 1879, M. Leloir donna le résumé de trois observations d'hystérie recueillies dans le service de M. Vulpian.

Deux femmes atteintes d'hémianesthésie complète ont été guéries, en une seule séance de cinq minutes, par l'application des courants faradiques. Une d'elles cependant a conservé quelques troubles sensoriels. Une troisième a été débarrassée de contractures déjà anciennes par l'application, pendant douze jours, de courants galvaniques; chaque séance durait dix heures. Dans aucun cas il n'y eut de phénomènes de transfert. (*Gaz. méd. de Paris*, 1879, p. 505 et suiv. [1])

Dans une communication à la Société clinique de Londres, le 26 octobre 1877, M. Thompson rapporta l'histoire d'un garçon de quatorze ans, atteint d'hystérie avec contracture des membres inférieurs, anesthésie générale et ischémie. La faradisation activa un peu la circulation capillaire, mais l'anesthésie persista.

L'application de pièces d'or ramena la sensibilité au bout de dix minutes dans une certaine

---

1. Voir encore Fetzer, *Anesthésie hystérique; de l'électricité dans le traitement de l'hystérie* (Würtemberger Corresp. Blatt., 1880, p. 14).

zone autour du point d'application ; cette zone augmenta peu à peu dans les séances postérieures, et au bout de trois mois la sensibilité générale et les mouvements des membres inférieurs étaient redevenus normaux. Les plaques faites avec d'autres métaux, isolées ou non, ou avec du bois, ne produisirent aucun résultat.

Au cours de la discussion qui suivit cette communication, le docteur Broadbent cita un cas analogue : il s'agissait d'une fille de dix-sept ans, atteinte d'anesthésie des deux membres au-dessous des genoux. Une bande métallique appliquée autour de la jambe droite ramena la sensibilité en six jours. mais la jambe gauche, restait dans le *statu quo*. La même bande appliquée autour de celle-ci lui rendit la sensibilité. M. Broadbent attribuait ce résultat à l'*expectant attention*. « Mais, lui objecta M. Althaus, pourquoi dans ce cas une pièce de cuivre n'a-t-elle pas produit le même effet qu'une pièce d'or ? » (*Brit. Med. Journ.*, 3 novembre 1877, p. 631.)

Nous devons encore à M. Burq la relation du fait suivant :

OBS. XVI. — Jeune femme, traitée depuis quatre ans dans divers hôpitaux pour des phénomènes d'hystérie grave. Tous les traitements employés jusqu'alors avaient échoué. Anesthésie de la main gauche avec parésie, anorexie, constipation, météorisme et aménorrhée. Hyperesthésie considérable, avec contracture des fléchisseurs de la jambe gauche, sensibilité à l'or et au cuivre. L'application de plaques d'or fit cesser l'anesthésie, l'hyperesthésie et la contracture ; mais elles reparurent dès qu'on enleva les plaques. Les injections sous-cutanées de chloroxyde d'or firent disparaître en deux mois les accidents, mais l'application des plaques les ramenait encore, indice d'une guérison incomplète. (Burq, *Gaz. des hôp.*, 1878, p. 811 et 833.)

L'observation suivante est un bel exemple de la puissance de la métallothérapie contre la contracture hystérique.

OBS. XVII. — *Contractures diverses ; œsophagisme, vaginisme : anesthésie générale avec points d'hyperesthésie ; sensibilité à l'or ; guérison.* — L. G..., trente-deux ans ; crises hystériques avant 1869, puis contracture du bras droit pendant deux ans : œsophagisme en 1870. En 1874, voici quel était son état : trémulation convulsive de la tête et des membres, du côté droit surtout, à l'approche de toute personne étrangère ; perte presque absolue des forces musculaires, amyosthénie générale ; à droite, paralysie de la main précédemment contracturée ; anesthésie générale, avec points d'hyperesthésie le long du rachis au vertex, etc. Toute piqûre est exsangue : amblyopie ; jambes et pieds d'un froid cadavérique ; boule hystérique et sensation constante de suffocation. L'œsophagisme persiste, mais à un degré moindre : vomissements très pénibles de tous les aliments ; palpitations cardiaques ; ovarie intense ; point de sommeil sans chloral ; règles toutes les trois semaines, durant dix jours au moins et s'accompagnant de douleurs très vives dans tout le bassin.

La sensibilité à l'or trouvée, on administra à l'intérieur le chlorure d'or et de sodium à doses croissantes, et on appliqua des pièces d'or sur les quatre membres pendant deux heures, matin et soir. Au bout de six mois, il y avait toutes les apparences d'une guérison à peu près complète, et un an après la malade se mariait.

Mais, malgré les apparences de la guérison, l'hystérie n'avait pas dit son dernier mot. La première nuit des noces, la malade eut une syncope. Il existait un vaginisme des plus complets. Les antispasmodiques ayant échoué, on revint au chlorure d'or et de sodium à haute dose, en même temps qu'on prescrivit d'introduire dans le vagin un petit cylindre d'or, dont on augmenta peu à peu le volume. Cette médication eut un plein succès.

Autre détail intéressant : avant l'emploi de l'or, la malade n'avait jamais éprouvé la sensation du chaud aux pieds. A partir du moment où elle commença à s'appliquer tous les soirs, au-dessus des malléoles, les bracelets d'or prescrits, elle connut cette sensation et put supprimer la boule qu'elle faisait placer dans son lit en toute saison. Aujourd'hui encore, c'est sa manière de se réchauffer les pieds. (Dr Decrand, *Gaz. méd. de Paris*, 1878, p. 516.)

Le docteur Dupuy a rapporté un fait dans lequel on attribue à l'application des métaux la cessation d'un spasme analogue, mais portant sur la vessie.

Obs. XVIII. — Une femme de quarante ans avait présenté ce phénomène pendant des années et avait paru en guérir par l'emploi des antispasmodiques, etc. Cependant elle eut une rechute grave pendant laquelle la douleur produite par le passage de la sonde était telle, qu'elle amenait des convulsions et la syncope. Aussi la malade avait une telle horreur de cette opération, qu'elle resta sans boire pendant deux ou trois jours afin d'éviter son cathétérisme quotidien. Rien ne paraissant même soulager ces symptômes, Dupuy se décida à essayer la métalloscopie, d'autant plus que la malade souffrait de spasmes dans d'autres parties du corps.

On vit que l'or augmentait les convulsions, tandis que le cuivre, l'argent et le fer les faisaient immédiatement cesser. On appliqua alors des disques de ces métaux, et au bout d'une heure la malade urina spontanément, copieusement et sans douleur. Dans la suite, chaque fois que la miction ne se faisait pas comme il faut, on avait recours à l'application des disques, bien que la fonction ne fût pas toujours douloureuse. (*Gazette obstétricale*, 5 janvier 1876, p. 1.)

L'observation qu'on va lire est un exemple remarquable de contractures multiples qu'on a attribuées à l'hystérie, malgré le jeune âge de la malade. Des émotions morales violentes les firent éclater, et la même cause contre-balança l'influence du traitement métallique.

Obs. XIX. — Fille de onze ans; la mère se porte bien, mais le père est alcoolique. Quand il est sous l'influence de l'ivresse, il menace sa femme et sa fille, et plusieurs fois a exercé des violences sur elles. L'enfant est donc exposée à des frayeurs continuelles. A différentes reprises, elle fut atteinte de névralgies dans les membres, et, il y a huit jours, d'une contracture du sterno-mastoïdien droit à la suite d'un refroidissement.

Quelques jours plus tard, attaques convulsives ayant les caractères des accès d'hystérie; douleur à la pression au niveau des ovaires.

Insensibilité au cuivre, à l'or et à l'étain, sensibilité au zinc. On prescrit des pilules de 5 centigrammes d'oxyde de zinc, d'abord au nombre de deux par jour. Dès les premiers jours du traitement, les crises convulsives disparaissent.

Plus tard, à la suite d'une nouvelle frayeur, la malade est prise de contractures dans les jambes. Les convulsions reviennent, et on constate la sensation de boule hystérique. Les armatures en zinc aux jambes et la continuation des pilules de zinc font encore disparaître les accidents.

Une nouvelle crise semblable eut encore lieu, mais elle céda vite au traitement. (Moricourt, *Gaz. des hôp.*, 9 septembre 1879, p. 828.)

Nous rapprochons des observations précédentes un cas fort analogue par les symptômes de nature névropathique, et par les résultats déterminés par le traitement, bien que l'hystérie ne puisse être tout à fait incriminée.

Obs. XX. — Amblyopie, anesthésie absolue et parésie de tout le côté droit, paralysie complète de la vessie, vomissements incoercibles, aménorrhée et leucorrhée types, etc., survenus il y a dix mois à la suite d'attaques d'éclampsie puerpérale graves. Cette malade était bimétallique, répondant un peu à l'or, mais surtout au platine. L'emploi de l'or et des métaux ne procurant aucune amélioration, on eut recours au platine. Cinq plaquettes de ce métal appliquées sur l'avant-bras firent monter la température de la main correspondante de $25°,5$ à $35°,5$. L'injection de 1 gramme d'une solution de chlorure de platine à un millième ramena la sensibilité des parties profondes vers les parties superficielles, la force musculaire marqua 40 kilogrammes au

lieu de 20, le thermomètre monta, et ces phénomènes per-
sistaient encore plus ou moins trois jours après.

La malade fut traitée en conséquence par le chlorure de
platine en solution au millième. On le lui administra par
l'estomac à doses progressives, à partir de 20 gouttes, en
deux fois avant les repas, et un peu par la méthode ender-
mique, et à partir de ce moment l'amélioration ne fit que
s'accélérer. (Burq, *Gaz. des hôp.*, 2 septembre 1879, p. 805 [1].

Hystéro-épilepsie. — Cette forme grave et com-
plexe des affections nerveuses convulsives s'est

[1]. Voir et comparer : Von Hesse : Un cas d'hémianesthésie
hystérique (*Centr. f. Nervenh.*, 1ᵉʳ avril 1879, p. 115). — D'An-
cona : L'électricité dans le traitement symptomatique de l'hystérie (*Gaz. med. ital. prov. Venete*, 1879, n. 21 et 25). — Bou-
chaud : Contribution à l'étude de la métallothérapie (*Journ. des
sciences médicales de Lille*, février et mars 1880). — Grasset : Métalloscopie et métallothérapie (*Montpellier médical*, 1880, t. XLIV,
p. 521). — Crocker : Cas d'hémianesthésie hystérique, avec discussion du traitement métallothérapique (*Brit. med. Journ.*,
5 juillet 1880, p. 7). — Bianchi : Contribution clinique aux
applications des métaux, des aimants, et des courants galvaniques faibles (*Giorn. intern. del scien. med.*, ann. II, fasc. II,
p. 180). — Rebatel : Cas d'hystérie chez l'homme; anesthésie
heureusement modifiée par la métallothérapie (*Lyon médical*,
1880, t. XXXIII, p. 530). — Desguins : Étude de métalloscopie
et de métallothérapie, trois observations nouvelles (*Mém. Acad.
de Belgique*, 1880, t. VI, nᵒ 1). — Elvers : Succès de la métallothérapie dans un cas d'anesthésie et de paralysie hystériques
(*Berliner klin. Wochensch.*, 1881, nᵒ 1, p. 52). — Secrétan : Hémianalgésie hystérique, amélioration par la métallothérapie; récidive, guérison par l'électricité statique (*Bull. Soc. méd. de la
Suisse romande*, 1880, t. XIV, p. 213). — Witthalm : Ueber Me-
talloscopie und Metallotherapie (*Journ. für offent Gesunds.*, 1880,
nᵒ 8, p. 1; nᵒ 9, p. 3). — Grocco : Studi composti di metallos-
copia (*Gaz. med. ital. lomb.*, 1880, t. II, p. 319, 310, 351, etc.). —
Hammond : The therapeutical use of the magnet (*New-York med.
Journ.*, 1880, t. XXXII, p. 119, et 1881, nᵒ 3, p. 44). — Cullerre :
Emploi de la métallothérapie dans un cas d'hystérie convulsive
et vésanique, guérison (*Ann. méd.-psych.*, 1880, t. IV, p. 319).

comportée de la même manière que l'hystérie simple en face de la métallothérapie, comme le démontrent les faits suivants :

Obs. XXI. — Femme mariée, qui depuis 1870 avait des accès d'hystéro-épilepsie, survenant jusqu'à trois fois par jour. Santé générale mauvaise ; vaginisme intense ; imperforation du col, menstruation suppléée par un flux hémorrhoïdal survenant régulièrement tous les mois. Pendant dix-huit mois cependant, ce flux s'était supprimé. Sensibilité à l'argent ; ce métal est administré à l'intérieur sous forme de pilules de nitrate d'argent de 1 centigramme ; on en donne une d'abord et on augmente progressivement jusqu'à quatre ; au bout de quelques jours, les hémorrhoïdes recommencèrent à couler, et l'état de la malade s'améliora progressivement. (Dumontpallier, *Gaz. des hôp.*, 1878, n° 87, p. 691.)

Le docteur Thomas Anderson, d'Edimbourg, rapporte un cas curieux d'hystéro-épilepsie, avec aphasie, qu'il traita par l'application de plaques d'or à l'extérieur et par le chlorure d'or et de sodium à l'intérieur. Les attaques nerveuses et l'hémianesthésie furent considérablement améliorées, mais non la parole ; les courants continus achevèrent la guérison.

L'auteur interrogea à plusieurs reprises la résistance électrique de la malade et la trouva très augmentée, fait que M. de Watteville considère comme fréquent dans l'hystérie et dont on ne tient pas compte en général. Mais il serait assurément prématuré de conclure, d'après cette seule observation, à une action spécifique du métal actif. (*Brit. Med. Journ.*, 8 février 1879, p. 186.)

Erlenmeyer, après avoir rappelé que l'électricité statique est un des agents thérapeutiques récemment étudiés à la Salpêtrière, rapporte un cas où elle a donné des résultats remarquables. (*Centralblatt für Nervenheilk.*, 1879, nº 1, p. 1.)

OBS. XXII. *Hémiparaplégie gauche; insuccès de l'application des aimants, des métaux et de la galvanisation; guérison par l'électricité statique.* — Femme de vingt ans, hystéro-épileptique, atteinte depuis deux ans d'une paralysie complète du mouvement et de la sensibilité du membre inférieur gauche. Divers traitements, l'application des aimants, des métaux, la galvanisation, etc., restèrent sans résultat. On eut alors recours à l'électricité statique. Après divers essais, on s'arrêta au procédé suivant :

La jambe paralysée fut mise en communication avec l'armature extérieure de la bouteille de Leyde, au moyen d'un fil métallique fixé au-dessous de la tête du péroné. Un second fil fut enroulé autour du front de la malade; son extrémité libre était munie d'un manche isolant, au moyen duquel on pouvait l'approcher du bouton de l'armature intérieure. Ce bouton était lui-même relié au conducteur de la machine par un fil de cuivre qui servait à charger la bouteille. Chaque fois qu'on établissait le contact, il y avait d'énergiques contractions du groupe péronier. La bouteille était chargée avec la machine pourvue d'un anneau de Winter [1] de 20 centi-

---

1. L'anneau de Winter se compose d'un fil métallique circulaire, revêtu d'une forte épaisseur de bois. C'est un condensateur.

mètres de diamètre, avec une force telle que la sensation déterminée par la contraction des muscles était presque insupportable. Il fallait pour cela de 15 à 25 tours de plateau, suivant l'état de l'atmosphère.

On fit une séance tous les jours.

Après la neuvième séance se manifesta le premier mouvement volontaire dans le petit orteil. Il y avait aussi des mouvements presque imperceptibles des deuxième, troisième et quatrième orteils. C'était le premier indice d'amélioration, après deux ans de maladie, dont sept mois de traitement sous la direction d'Erlenmeyer.

Ensuite reparut la sensibilité au contact et à la piqûre, d'abord à la pulpe des orteils, puis sur la ligne médiane de la plante du pied. La sensibilité thermique se rétablit un peu plus tard. En outre, on put constater le réflexe cutané sur tous les points du membre; il avait été masqué jusqu'alors par une exagération notable du réflexe du tendon.

La motilité s'accentua de jour en jour, et à la date de l'observation, moins de cinq semaines après la première séance du procédé susdit, la malade put étendre et fléchir tous les orteils, mouvoir facilement le pied dans tous les sens, et même faire de petits mouvements du genou. Mais tout cela ne dura que quelques heures.

La contractilité faradique et galvanique était et est restée normale; mais les deux espèces de courants ne réussissent point à réveiller la motricité, comme le fait l'électricité statique. Les phénomènes trophiques (transpiration cutanée) et sensitifs se maintiennent et sont aujourd'hui indépendants de l'électrisation.

Dans ce cas, l'électricité statique a eu une action autre que celle du courant constant ou interrompu, caractérisée par : 1° sa rapidité; 2° sa courte durée;

3° son augmentation progressive. (Vigouroux, *Progrès médical*, 1879, n° 8, p. 139.)

L'électricité statique a déjà été employée dans deux cas rapportés précédemment, l'un par M. Vigouroux (obs. XIV), et l'autre par M. Dujardin-Beaumetz (obs. IX). Dans ces trois cas, elle réussit à amener la guérison alors que la métallothérapie n'avait donné qu'une amélioration passagère.

Le fait suivant est très curieux, parce qu'il s'agit d'une hémiparaplégie, passant facilement d'un membre à l'autre, et qui néanmoins a fini par guérir sous l'influence d'un traitement suivi avec ténacité.

Obs. XXIII. *Hémianesthésie avec hémiparaplégie à droite; sensibilité au zinc; guérison par le zinc intus et extra et l'application des aimants.* — Femme de vingt-trois ans; après une métrorrhagie, première attaque de crampes cloniques le 24 octobre, suivie de deux jours de catalepsie. Plus tard, douleur dans l'ovaire droit; force musculaire très diminuée dans la main droite; paralysie complète de la jambe du même côté; la malade ne peut marcher sans être soutenue et ne peut soulever cette jambe. Hémianesthésie générale et spéciale à droite; fonctions de la vessie et du rectum intactes. Accès convulsifs de temps en temps. Pas de contracture dans l'intervalle. Insensibilité au cuivre et au zinc : sensibilité à l'étain au bout de vingt-cinq minutes. Transfert. La paralysie de la jambe droite a complètement disparu et a passé à gauche. Le lendemain, la malade était dans le même état qu'avant l'application du métal.

Le lendemain, nouvel essai: le cuivre, le zinc et le fer

sont impuissants. Par contre, l'étain ramène la sensibilité en quinze minutes.

Les jours suivants, on constata que le fer, l'or, l'argent, le plomb étaient impuissants; le zinc seul donnait un résultat positif. Une plaque de liège laissée douze heures en place ne produisit rien. La compression avec la bande d'Esmarch pendant une demi-heure parut ramener la sensibilité; mais, dès qu'on banda les yeux à la malade, on put percer le bras de part en part sans qu'elle le sentît. Les plaques de bois, de corne, de verre ne produisirent rien, mais l'étain eut toujours le même effet.

Le 13 décembre, une application d'aimant ramena la sensibilité en deux minutes et demie, avec transfert. En même temps, contracture des extenseurs de la main; les modifications de la sensibilité durèrent six heures.

Pensant que ces différences de résultats avaient pour cause l'humidité de la peau, on mouilla celle-ci avec une solution de sel de cuisine et on obtint le retour de la sensibilité plus tôt, mais l'anesthésie reparut de même.

A partir du 27 décembre, on donna à la malade une solution de chlorure d'étain au centième, à la dose de 6 gouttes deux fois par jour, puis de 12 à 20; puis, après le 15 janvier, 20 gouttes d'une solution à 2 pour 100. Le résultat fut le suivant : rétablissement de la sensibilté, sans transfert, dans la moitié supérieure droite de la tête, du cou et du tronc, jusqu'au cinquième espace intercostal.

Alors l'application d'un sinapisme ramena la sensibilité à droite avec transfert de l'anesthésie à gauche, mais dans le bras seulement; il resta une bande d'anesthésie à droite, entre le bras et le cou. L'application d'un fort aimant faisait passer à volonté la paralysie de droite à gauche et de gauche à droite en cinq minutes.

En mettant l'aimant entre les deux jambes, la sensibilité et la motilité restèrent dans les deux, mais la cuisse et la moitié du tronc restèrent insensibles.

La guérison s'accentua de plus en plus, les attaques d'hystérie diminuèrent, l'application de plaques d'étain ou d'un aimant sur la peau n'affectait plus la sensibilité. (Müller, *Berl. klin. Woch.*, 14 juillet 1879, p. 417.)

Le 28 février dernier, une discussion fort intéressante eut lieu à la Société médico-chirurgicale de Glascow, à la suite de la communication d'une observation d'hystéro-épilepsie par M. Mac-Call Anderson.

Obs. XXIV. — Fille de dix-huit ans, atteinte d'accès depuis trois ans, à la suite d'une fièvre typhoïde. D'abord ces accès se montraient une fois par mois, puis ils devinrent de plus en plus fréquents, jusqu'à survenir presque tous les jours. Douleur dans la région iliaque gauche. A cela se bornèrent les symptômes qu'elle observa, mais bientôt on en trouva d'autres en l'examinant. En temps ordinaire, daltonisme de l'œil gauche, et, après un accès, toutes les couleurs paraissaient blanches ou noires. Hémianesthésie complète, générale et spéciale; les piqûres sont insensibles et provoquent peu d'écoulement de sang. Douleur à la pression sur l'ovaire gauche.

Plusieurs accès d'hystéro-épilepsie pendant le séjour à l'hôpital. La malade fut soumise à l'application de l'aimant, de disques métalliques, etc. Des pièces d'or appliquées sur la tempe gauche déterminèrent un retour partiel de la sensibilité. Un aimant placé au-dessus du bras gauche, à 1 pouce et demi environ de distance, ramena la sensibilité, qui reparut en une demi-minute environ et fut complète en cinq minutes. En même temps, transfert. Alors l'aimant fut appliqué au côté droit devenu anesthésique; la sensibilité reparut, mais elle était restée à gauche également. Le lendemain, la sensibilité persistait encore des deux côtés. L'aimant fut alors placé à 1 demi-pouce de l'avant-bras gauche; en trois minutes, tout le côté gauche devint insensible, mais l'achromatopsie ne revint pas. L'aimant fut alors approché du bras droit, et tout ce côté devint aussi anesthésique, sans que la sensibilité revint à gauche, de sorte que tout le corps était insensible, y compris les muqueuses et le sens du goût. Un bracelet de plomb attaché autour de l'avant-bras droit ramena la sensibilité des deux côtés en une minute.

La plupart de ces phénomènes furent montrés à la Société, et en outre M. Mac Kendrick fit quelques expériences à l'aide d'un électro-aimant en fer à cheval, mis en rapport avec une batterie dont on pouvait l'isoler à volonté. L'aimant, étant appliqué sur le bras du côté anesthésique, mais le courant étant interrompu, resta en place sans aucun résultat pendant six minutes; mais, dès qu'on fit passer le courant, le transfert de l'hémianesthésie s'effectua en une minute environ.

Aucun fait nouveau ne fut avancé dans la discussion qui suivit. (*Glascow Med. Journ.*, juillet 1879, p. 52.)

Stone a aussi rapporté un cas d'hystéro-épilepsie traité par la métallothérapie. (*Med. Times and. Gaz.* 17 juillet 1880, t. II, p. 71.)

Hémianesthésie d'origine cérébrale. — Les faits de cette catégorie sont certainement des plus intéressants et des plus curieux. Ici, l'hystérie n'est plus en jeu, et, bien qu'on ne puisse pas encore expliquer d'une manière satisfaisante le retour de la sensibilité et de la motilité sous l'influence de la métallo-électrothérapie, les plus sceptiques seront du moins forcés de reconnaître que le rôle de l'imagination est tout à fait nul.

Obs. XXV. — R..., atteinte depuis environ douze ans d'hémianesthésie avec hémichorée posthémiplégique. Au mois de janvier 1877, lorsqu'elle a été soumise à l'application des métaux, l'hémianesthésie est complète; on traverse de part en part avec une forte aiguille le cou, le bras, la jambe du côté droit, sans que la malade paraisse s'en apercevoir. La sensibilité spéciale n'est pas moins atteinte; la narine droite ne perçoit pas l'éther, la moitié droite de la langue est insensible à la coloquinte; diminution considérable de l'acuité visuelle.

Le 13 janvier, application au pli du coude d'un bracelet d'or (pièces de 20 francs distantes de 2 ou 3 centimètres et cousues sur une lanière de cuir); au jarret, bracelet de fer (rondelles de fer enfilées sur un ruban élastique). Au bout de 18 minutes, rougeur des piqûres, qui se mettent à saigner, retour de la sensibilité au-dessus, puis au-dessous des bracelets. Après 25 minutes, la zone sensible atteint 3 à 4 centimètres autour du métal. On enlève les bracelets.

Le 14, la sensibilité persiste au jarret et au pli du coude. Anesthésie complète partout ailleurs, de ce côté. Application sur le front d'une plaque de fer. Après quinze minutes, retour de la sensibilité au niveau de cette plaque.

Le 21, la sensibilité persiste dans les points précédents. Application d'une rondelle de fer sur la moitié droite de la langue, et d'une rondelle de même métal sur chacune des ailes du nez. Au bout de vingt minutes, la sensibilité générale est revenue sur toute la moitié droite de la face et la sensibilité spéciale à la moitié droite de la langue et à la narine droite. Pas de phénomène de transfert.

Le 22, on constate que la sensibilité est revenue sur tout le côté droit et que les mouvements choréiques ont beaucoup diminué; l'acuité visuelle s'est beaucoup améliorée, ainsi que l'aspect ophthalmoscopique de la papille.

Trois mois après, la sensibilité générale est encore parfaite, ainsi que la sensibilité spéciale; les mouvements choréiques sont si faibles, qu'il faut une observation attentive pour les remarquer. (Landolt et Oulmont, *Progrès médical*, 19 mai 1877, p. 381.)

La guérison de l'hémichorée dans le cas précédent est un fait fort remarquable et dont nous ne connaissons qu'un autre exemple, observé par M. Debove. (Voir obs. XXXIII.)

Nous pouvons rapprocher de ces faits deux cas de chorée chez des enfants, recueillis dans le service de M. Bouchut, et qui ont également guéri sous l'influence de la métallothérapie. (*Gaz. des hôpitaux*, 1878, p. 884.) Voir en outre : Guaita, *lo Sperimentale*, 1878, t. XLI, p. 404; Allexich, *Gaz. med. ital. Padova*, 13 avril 1878; Bouzel, Note sur deux cas de chorée traitée par l'aimant (*Lyon méd.*, 1880, t. 33, p. 490) ; Henrot, Transfert et guérison de l'hémichorée, *Union méd. du N. E.* 1880, p. 200 et 362.

Obs. XXVI. *Hémianesthésie cérébrale organique; action in-complète de la métallothérapie; action favorable et complète de l'aimant.* (Aigre, thèse, p. 64.) — Homme de quarante-cinq ans, entré dans le service de Dumontpallier pour une hémiplégie droite avec hémianesthésie complète (générale et spéciale) du même côté, remontant à cinq semaines.

Dix jours après, application de cuivre ; amélioration pro-gressive pendant deux ou trois jours, puis état stationnaire ; les essais avec d'autres métaux : or, argent, zinc, fer, étain, platine, ont été sans résultat.

Onze mois après, le côté paralysé n'a pas recouvré la sensibilité ; l'anesthésie sensorielle persiste au même point. Cependant le malade distingue toutes les couleurs de l'œil droit, sauf le vert foncé.

M. Vigouroux place un aimant de dimension moyenne devant la partie externe de l'avant-bras anesthésié en tour-nant les extrémités de l'aimant vers la peau. On le laisse en place pendant dix minutes. L'anesthésie commence à dispa-raître ; cinq minutes après, la sensibilité est complètement revenue et elle égale celle de l'autre côté. L'œil du côté anes-thésié a recouvré la perception nette de toutes les couleurs. En revanche, le vert a disparu du côté gauche.

Quinze jours après, la sensibilité cutanée, gustative, audi-tive, persistait partout.

Plusieurs mois après, la guérison se maintenait.

Obs. XXVII. *Hémiplégie avec contracture; guérison par la métallothérapie.* — C..., quarante ans. Hémiplégie droite subite, sans contracture. Guérison après six semaines de trai-tement. Trois mois après, nouvelle hémiplégie droite, puis nouvelle attaque trois ou quatre mois après, un mois en-viron avant le moment où on essaye la métallothérapie. On constate alors : insensibilité du côté droit du corps, complète à la main et à l'avant-bras; vision imparfaite de ce côté.

Application de quatre plaques d'or sur l'avant-bras droit. Le soir, la sensibilité est revenue partout et sans transfert. Le lendemain, non seulement la sensibilité recouvrée la veille persiste, mais la contracture des doigts et du poignet n'existe plus. On laisse encore les plaques pendant deux ou trois jours. Au bout de ce temps, l'amélioration persistant, on les enlève. Pendant un mois, la sensibilité s'est toujours maintenue et la contracture ne s'est pas reproduite.

Le malade, perdu alors de vue, est mort quelque temps après de néphrite parenchymateuse double. On pense que les accidents paralytiques ont été causés par une hémorrhagie cérébrale. (Boussi, *France médicale*, 16 avril 1879, p. 243.)

M. Vulpian a publié en 1879 une observation curieuse, en ce sens que le diagnostic porté pendant la vie, bien que basé très logiquement sur des phénomènes cliniques, n'a pas été confirmé par l'autopsie.

Obs. XXVIII. — Homme de quarante-cinq ans; accidents rapportés à une lésion en foyer dans la moitié droite de l'encéphale. Hémiplégie peu prononcée du côté gauche; hémianesthésie complète du même côté, intéressant les organes des sens; douleur névralgique dans la région antérieure du côté gauche du thorax; tremblement des muscles des membres paralysés. Traitement par la faradisation cutanée. Guérison. (*Bull. de thér.*, 30 nov. 1879, p. 448.)

Dix-huit mois plus tard, cet homme, qui s'était adonné à l'ivresse depuis sa guérison, mourut subitement. A l'autopsie, on ne trouva aucune lésion de l'encéphale ni de la moelle. Sauf une altération du parenchyme cardiaque, non étudiée au microscope, l'autopsie a été entièrement négative. M. Vulpian ne sait à quoi attribuer ni l'hémiplégie ni la mort. (*Revue de médecine*, janvier 1881, p. 39.)

On trouvera un fait analogue, mais observé pendant la vie seulement, dans le *Bulletin de thérapeutique* du 15 décembre 1879, p. 481.

Nous signalons encore un fait de M. Laboulbène : c'était une hémiplégie gauche avec hémianesthésie symptomatique d'une lésion cérébrale; l'application d'un aimant provoqua le retour de la sensibilité dans des zones limitées, avec transfert dans des points exactement symétriques du côté opposé, ce qui est contraire à la règle. (*Union méd.* 25 mai 1880, t. 29, p. 840.)

Obs. XXIX. — Dans la séance de la Société de biologie du 25 janvier 1879, M. Raymond rapporta l'histoire d'un malade qui, à la suite d'une courte attaque d'apoplexie, est resté frappé de monoplégie brachiale complète avec perte de la sensibilité et phénomènes vaso-moteurs divers sur tout le membre paralysé. Les métaux, les courants induits, l'iodure de potassium et le chlorure d'or étaient restés inefficaces; mais, depuis quelque temps, les courants continus, appliqués par M. Vulpian, amènent un retour simultané du mouvement et de la sensibilité, dont la réapparition se fait progressivement de l'épaule vers la main.

L'observation de ce malade a été publiée complètement par M. Vulpian; les courants faradiques avaient amené la guérison vers la fin de février. (*Bull de thér.*, 30 novembre 1879, p. 434.)

Dans un autre cas de monoplégie brachiale de cause probablement rhumatismale, la métallothérapie a été plus efficace.

Obs. XXX. *Monoplégie brachiale; guérison par la métallothérapie.* — M..., trente-trois ans, atteint d'une paralysie de l'avant-bras droit, de nature inconnue, probablement déterminée par le froid, et portant plus particulièrement sur la zone innervée par le cubital.

Bracelet de quatre pièces d'or sur l'avant-bras malade. Retour de légers mouvements le lendemain. On applique alors les pièces le long du trajet du cubital, dans la région interne de l'avant-bras. Le lendemain, retour de la sensibilité et de la force musculaire dans toute la sphère d'innervation du cubital.

Les plaques sont laissées en place toute la journée et le lendemain; la sensibilité se maintient, et les mouvements deviennent de plus en plus faciles. Deux jours après, la guérison est complète et se maintient pendant les quelques jours que le malade passe encore à l'hôpital. (Boussi, *loc. cit.*)

De nouveaux faits, communiqués récemment par M. Debove à la Société médicale des hôpitaux, démontrent que, chez des malades non hystériques, l'aimant peut non seulement ramener la sensibilité, mais exerce encore la même influence sur la motilité perdue. (Séances des 24 octobre et 14 novembre 1879.)

Obs. XXXI. — Un malade était affecté d'une hémianesthésie avec hémiplégie motrice d'origine saturnine. L'application d'un puissant aimant sur le côté paralysé amena à la
fois la guérison de l'hémianesthésie et celle de la paralysie
motrice.

Obs. XXXII. — Un second malade, âgé de trente-cinq
ans, est un épileptique de vieille date avec *aura* dans le
bras droit. Au sortir d'une attaque de haut mal, on le
transporta à l'Hôtel-Dieu, où l'on s'aperçut de l'existence
d'une hémiparésie de la sensibilité et de la motilité à gauche, sans déviation de la face; l'hémianesthésie portait également sur les sensibilités spéciales. Le même jour, on
appliquait un puissant aimant sur le bras gauche du malade. L'expérience fut commencée à quatre heures du soir;
à quatre heures vingt minutes, la sensibilité cutanée reparaissait à gauche; à cinq heures cinq minutes, la perception
des couleurs et l'acuité visuelle étaient redevenues normales
à gauche, et il en était de même des autres fonctions sen-
sorielles. En outre, la force musculaire avait suffisamment
augmenté à gauche pour que le malade pût marcher sans
appui; celui-ci, se sentant guéri, demanda le lendemain à
sortir de l'hôpital.

Obs. XXXIII. — Une femme, âgée de soixante-sept ans,
se trouve actuellement couchée au numéro 7 de la salle
Sainte-Monique à l'Hôtel-Dieu. Au mois de mai 1878, elle
avait été prise d'une attaque d'apoplexie, mais ne présentait
aucun trouble de la sensibilité et de la motilité. Au mois
d'avril dernier, elle entrait une première fois à l'Hôtel-Dieu
avec les signes d'un ulcère de l'estomac. Le 15 avril, à la
suite d'un éblouissement, la malade a les membres contracturés; il se développe en outre chez elle une hémi-

anesthésie droite complète. L'application d'un aimant fait disparaître l'hémianesthésie, le tremblement et la contracture, et la malade demande à quitter l'hôpital.

La réapparition des accidents gastriques l'oblige à y retourner peu de jours après; une nouvelle attaque d'apoplexie survient, à la suite de laquelle on constate de nouveau de l'hémianesthésie tactile et sensorielle à droite avec hémichorée, hémicontracture, hémiparésie du même côté. Il s'agissait là évidemment d'un exemple d'hémianesthésie et d'hémichorée post-paralytique, sous la dépendance d'une lésion (thrombose) du tiers postérieur de la capsule interne. En présence de M. Charcot et de ses élèves, on applique un aimant sur le côté malade. Au bout de quelques minutes, la sensibilité reparaissait à gauche et la perception des couleurs redevenait normale. Au bout d'une heure, l'hémianesthésie, l'hémichorée et la contracture avaient disparu; le dynamomètre donnait à ce moment 30 de ce côté, alors qu'il donnait à peine 5 avant la séance d'aimantation.

Le lendemain, cette femme eut une petite rechute : elle fut prise d'une parésie légère avec contracture du membre inférieur du côté primitivement malade. Cet état a persisté plusieurs semaines, jusqu'au jour où M. Debove a appliqué de nouveau un aimant sur la jambe. Cette fois, la guérison paraît avoir été définitive. La malade est encore à l'Hôtel-Dieu, et elle marche sans boiter.

Obs. XXXIV. — Un autre cas, relatif à une hémianesthésie avec hémiplégie motrice d'origine probablement syphilitique, démontre combien il importe de ne pas se laisser décourager par l'insuccès d'une première tentative thérapeutique. En effet, chez ce sujet, des applications réitérées d'un puissant aimant sur le côté malade n'avaient donné que des résultats nuls ou bien incomplets, lorsque, à la suite d'applications plus prolongées, on obtint finalement le retour persistant de la sensibilité et de la motilité.

Obs. XXXV. — La cinquième et dernière observation se rapporte à un malade âgé de soixante ans, broyeur de couleurs, sujet à des attaques épileptiformes provoquées par l'absinthisme. Plus tard, le malade eut à plusieurs reprises des coliques saturnines, et finalement il se développa chez lui une hémiparésie droite avec hémianesthésie tactile et sensorielle. Une première application de l'aimant, assez courte d'ailleurs, faite par M. Proust, n'amena qu'une guérison temporaire et incomplète. Ce malade entra ensuite dans le service de M. Debove, qui fit appliquer l'aimant sur le côté malade pendant vingt-quatre heures consécutives. Cette première application fut suivie du retour à l'état normal de la sensibilité et du mouvement dans le côté paralysé, et cela pendant plus de trente heures ; il y a tout lieu d'espérer que des applications ultérieures, suffisamment prolongées, amèneront une guérison définitive.

En coordonnant ces faits, qui paraissent dissemblables au premier abord, M. Debove arrive à conclure que la paralysie de la motricité, justiciable d'un aimant, est placée sous l'influence de la paralysie de la sensibilité. En effet, jamais l'aimantation ne fait revenir les mouvements dans les muscles paralysés, indépendamment de toute abolition de sensibilité.

De même, d'après M. Debove, l'hémichorée et la contracture sont liées à l'hémianesthésie (*Gaz.*

méd. de Paris, 1er novembre 1879, p. 557 ; *Revue médicale*, 1er novembre 1879, p. 569 [1].)

Déjà, dans deux cas de paraplégie sensitive et motrice, attribuée à l'hystérie, Müller avait obtenu au moyen du cuivre et de l'aimant une guérison rapide sans transfert, comme dans les cas de M. Debove. (Voir plus haut, obs. XIII et XXIII.) Dans un cas analogue, Erlenmeyer a obtenu de bons effets de l'électricité statique. (Obs. XXII.)

Hémianesthésie saturnine. — Aux faits que nous avons cités précédemment, et observés par M. Debove et par M. Proust, nous pouvons encore ajouter les suivants, dans lesquels les résultats n'ont pas été aussi satisfaisants.

Obs. XXXVI. — Homme de trente-trois ans, peintre en bâtiments ; paralysie saturnine à gauche depuis deux mois environ. L'électrisation ne produit aucun bénéfice.

Application d'un aimant à gauche ; au bout de dix minutes, fourmillements des extrémités droites ; cinq minutes plus tard, la sensibilité est revenue dans tout le membre supérieur droit ; mais l'hémianesthésie gauche n'est pas modifiée, bien que la séance ait duré trois quarts d'heure. Trois heures après la séance, on constate encore des fourmillements aux extrémités droites ; mais l'anesthésie a reparu dans les parties du membre supérieur droit, où elle

---

1. Les observations ont été rapportées *in extenso* dans l'*Union médicale*, numéros des 20, 22, 25, 27 novembre 1879.

existait avant l'application de l'aimant. *(*Vulpian, *in* thèse de C. Hamant, p. 43.)

· L'observation, publiée *in extenso* dans le travail déjà cité de M. Vulpian (*Bull. de thér.*, 15 décembre 1879, p. 492), nous apprend que l'anesthésie a résisté à un traitement énergique pendant plusieurs mois; mais il ne s'agissait pas ici d'une hémianesthésie absolument pure; le membre supérieur droit était atteint aussi d'anesthésie, quoique à un bien moindre degré que les deux membres du côté gauche. Au bout de quatre mois, le traitement commença seulement à agir sur le membre supérieur gauche; la sensibilité du membre inférieur avait reparu depuis longtemps.

Dans quelques cas même, l'anesthésie resta rebelle au traitement métallothérapique et à ses dérivés.

Obs. XXXVII. — Homme de cinquante-huit ans. Hémianesthésie saturnine gauche générale et spéciale depuis une huitaine de jours. La faradisation du côté gauche n'amène aucun résultat; il en est de même de l'application de plaques métalliques (argent, cuivre, zinc). (Peter, *in* thèse de Hamant, p. 44.)

Obs. XXXVIII. — Homme de cinquante-deux ans. Hémianesthésie saturnine gauche générale et spéciale. Les applications métalliques furent employées mais sans résultat appréciable. Le malade resta à l'hôpital plusieurs semaines, sans aucun changement dans les symptômes. (Lépine, *in* thèse de Hamant, p. 45.)

Voici encore deux cas publiés plus récemment, et dans lesquels les résultats furent meilleurs.

Guérison d'une contracture et d'une anesthésie du membre supérieur droit chez un saturnin, par la métallothérapie. Constantin Paul, *Union médicale*, 27 janvier 1880, p. 145.)

Paralysie saturnine, anesthésie partielle, application d'aimants, retour de la sensibilité. (Langlet, *Union méd. du Nord-Est*, mai 1880, p. 149.)

Hémianesthésie alcoolique. — Les courants continus très faibles ont réussi à ramener la sensibilité dans un cas d'hémianesthésie chez un alcoolique.

Obs. XXXIX. — La paralysie de la sensibilité générale et spéciale durait depuis cinq ans et avait coïncidé avec la disparition d'une sciatique qui durait du même côté depuis de longues années. L'application de diverses pièces métalliques sur l'avant-bras était restée inefficace ; les pièces d'argent seules avaient ramené momentanément la sensibilité dans une zone très limitée. Le lendemain, on eut recours aux courants continus très faibles, d'après le procédé suivant :

Une pile composée de deux petits éléments de Trouvé (papier et sulfate de cuivre), montés en quantité, est mise en communication avec le malade, de telle façon que l'un des pôles est appliqué au front et l'autre à la face dorsale du pied.

Au bout de trente-cinq minutes, la sensibilité générale et spéciale était revenue ; la guérison persista, comme put le constater M. Regnard, qui vit le malade trois ans plus tard ; mais en même temps, au grand désespoir du malade, revint également, et d'une manière aussi persistante, la sciatique dont il était débarrassé depuis cinq ans. (Debove, *Progrès médical*, 1879, n° 9, p. 161.)

Il importe de faire remarquer que, dans tous ces cas d'hémi-paralysie d'origine non hystérique, la guérison a eu lieu dans un temps relativement très court, et qu'il n'y a jamais eu de transfert.

Anesthésie consécutive au zona. — Nous croyons devoir signaler ici le cas suivant, très instructif à plusieurs points de vue.

Obs. XL. — Un homme de soixante et un ans, n'ayant jamais présenté de rhumatisme, de syphilis ni de blenno-rhagie, mais ayant subi l'amputation de la jambe droite pour fracture il y a vingt ans, et s'étant fracturé la neuvième côte droite il y a quatre ans, tombe et se contusionne le côté droit. Au troisième jour, éruption de zona qui, étendue de la sixième à la huitième côtes droites, mesure 20 centimètres tranversalement et 10 centimètres verticalement ; elle ne suit pas le trajet des nerfs intercostaux. A la face dorsale du même côté, autre plaque étendue de la dixième à la douzième côtes, et empiétant un jour à gauche. Douleurs très vives. Au bout d'une dizaine de jours, anesthésie de toute la région occupée par le zona avec persistance des douleurs spontanées, continuant après la guérison de l'éruption. Modification à peine appréciable par les traitements les plus variés : injections hypodermiques de chlorhydrate de morphine, de sulfate de strychnine, de sulfate d'atropine, bromure de potassium, chloral, salicylate de soude, courants faradiques et galvaniques, pointes de feu sur la région rachidienne.

M. Vulpian pense que par le fait de la chute il s'est produit une irritation d'un ou de deux nerfs intercostaux, puis, par propagation, une lésion soit des racines de ces nerfs, soit des points de la substance grise de la moelle avec lesquels elles sont en relation. Mais il est probable que les modifications produites dans la moitié droite de la moelle, à la suite de l'amputation et de la fracture de la neuvième côte droite, avaient diminué la résistance de cette partie de la moelle aux influences morbides pouvant agir sur elle.

La lenteur de l'amélioration dans les cas de ce genre est en rapport avec les altérations de la moelle et des racines des nerfs. (*Bull. gén. de thér.* 30 dec. 1879, p. 536.)

Diabète. — Nous ne connaissons qu'un fait, rapporté par M. Burq et dans lequel la métallothérapie interne ait agi avec efficacité chez un diabétique [1].

Obs. XLI. — X..., atteint d'une cataracte double, est opéré de l'œil droit alors qu'il rendait de 35 à 40 grammes de sucre par litre. Insuccès. M. Burq, ayant constaté que le malade était sensible au fer, lui fit prendre de l'eau ferrugineuse (source Lardy). L'état général s'améliora considérablement, et la proportion du sucre diminua de 20 0/0 environ. L'autre œil fut alors opéré avec succès. Plus tard, le malade négligea son traitement; le diabète augmenta et

---

1. Le bon à tirer allait être donné lorsque j'ai reçu une brochure intitulée : *La métallothérapie à Vichy contre le diabète et la cachexie alcaline*, par le Dr V. Burq, Paris, 1881, 112 pages in-8. Je regrette de ne pouvoir que la signaler ici.

fut traité sans résultat par diverses eaux alcalines. Ce ne fut que lorsque le malade revint à la source Lardy que son état s'améliora. (*Bull. Soc. de chir.*, 1880, p. 440.)

Chlorose. — Dès le début de ses études sur la métallothérapie, M. Burq avait remarqué que la chlorose se présentait toujours avec la plupart des phénomènes nerveux qu'il avait appelés *asthéniques :* l'anesthésie, l'amyosthénie et moins souvent l'aménorrhée, — et qu'elle était sous leur influence immédiate, ainsi que la dyspepsie qui la précède et les phénomènes *sthéniques* (spasmes, névralgies, et même souvent des désordres cérébraux) qui l'accompagnent. La chlorose ne cesse que lorsque tous ces phénomènes morbides ont disparu. M. Burq fut ainsi amené à rechercher l'aptitude métallique chez les chlorotiques, et au lieu de donner à toutes ces malades le fer, qui convient réellement à quelques-unes d'entre elles, il leur fit prendre des préparations du métal dont l'application externe exerçait sur elles une influence favorable. Les premiers résultats obtenus sont consignés dans un travail présenté en 1852 à l'Académie des sciences et à l'Académie de médecine [1] et les observations recueillies depuis par M. Burq n'ont fait que les confirmer.

1. Burq : *Note sur une application nouvelle des métaux à l'étude et au traitement de la chlorose.* Extrait de la *Gazette médicale* de Paris, 1852.

En résumé, chez les *hystériques*, l'hémianesthésie générale et spéciale, avec ou sans névralgie, l'hémiparaplégie et la paraplégie du sentiment et du mouvement, les contractures diverses, ont guéri par l'application de plaques métalliques à la surface du corps, par l'administration interne d'un sel du même métal, par l'emploi de courants continus faibles, de l'électricité statique ou des aimants.

Actuellement, l'application des aimants paraît donner des résultats plus rapides et plus durables que les autres moyens.

La guérison est rarement survenue d'emblée; le plus souvent, ce n'est qu'à la suite de l'emploi longtemps continu des moyens susdits que les phénomènes morbides ont disparu.

Le cas les plus rebelles ont été observés sur des malades polymétalliques.

Chez les hystériques, le *phénomène de transfert* s'est manifesté jusqu'au moment où la guérison a été parfaite. On ne peut donc affirmer que celle-ci existe, tant que le phénomène de transfert ou l'anesthésie de retour se manifestent.

La récidive peut survenir après de longs intervalles (huit mois) pendant lesquels on avait cru à la guérison complète.

Les mêmes remarques sont applicables aux faits d'*hystéro-épilepsie.*

Chez les malades atteints de paralysies de la sensibilité, seule ou avec perte de la motilité, avec ou sans contracture, causées par une lésion cérébrale ou par certaines intoxications (saturnisme, alcoolisme), le retour de la sensibilité et même de la motilité s'est effectué sous l'influence des mêmes agents, mais plus rapidement en général, et d'une manière plus durable.

C'est aussi dans des cas de ce genre qu'on a essayé avec succès les vésicatoires et les injections sous-cutanées de pilocarpine.

Certains cas, considérés d'abord comme incurables à la suite de nombreuses tentatives thérapeutiques restées sans résultat, ont fini par guérir lorsque le traitement a été repris et poursuivi avec plus de persévérance. On peut donc conclure de là que beaucoup de prétendus insuccès de la métallo-électrothérapie sont attribuables à l'insuffisance du traitement.

Comme corollaire, avant de se prononcer sur l'incurabilité d'une hémianesthésie ou d'un autre phénomène paralytique lié à l'hystérie ou à une autre affection du système nerveux central, il faudra avoir essayé avec une persistance suffisante et en variant les expériences toute la série des moyens, l'aimantation en particulier, que nous avons énumérés dans le cours de cette étude.

FIN

COULOMMIERS. — IMPRIMERIE PAUL BRODARD.

www.ingramcontent.com/pod-product-compliance
Ingram Content Group UK Ltd.
Pitfield, Milton Keynes, MK11 3LW, UK
UKHW021623170726
13836UKWH00005B/2018